もくじ
大日本図書版　理科3

JN096358

テストの範囲や
学習予定日を
かこう！

学習計画	
出題範囲	学習予定日
5/14	5/10
テストの日	5/11

単元1 運動とエネルギー

1章　力の合成と分解
2章　水中の物体に加わる力

満点★ミッション

①力の合成
2つの力を同じはたらきをする1つの力で表すこと。

②合力
力の合成によってできる力。

③対角線
平行四辺形では，向かい合う頂点を結んだ線。力の合成では，この線が合力を表す。

④力の分解
1つの力を，同じはたらきをする2つの力に分けること。

⑤分力
力の分解によってできた力。力を分解する方向によって何通りもできる。

⑥平行四辺形
向かい合った2組の辺が平行な四角形。

⑦重力
地球上のあらゆる物体に常にはたらく，地球の中心に向かって引かれる力。

テストに出る！ **ココが要点** 解答 **p.1**

① 力の合成　教 p.10〜p.19

1 力の合成

(1) (①　　　　　　　)　2つの力を同じはたらきをする1つの力で表すこと。

(2) (②　　　　　　　)　2つの力を<u>合成</u>してできた力。

(3) 向きが同じ2つの力の合力
   - 大きさ…2つの力の大きさの<u>和</u>。
   - 向き…2つの力と<u>同じ</u>向き。

(4) 向きが反対の2つの力の合力
   - 大きさ…2つの力の大きさの<u>差</u>。
   - 向き…2つの力のうち，大きい方の力と同じ。

(5) 向きがちがう2つの力の合力　合力は，2つの力の矢印を2辺とする平行四辺形の(③　　　　　　)で表される。

2 力の分解

(1) (④　　　　　　　)　1つの力を，それと同じはたらきをする2つの力に分けること。

(2) (⑤　　　　　　　)　分解してできた力。分解する向きを決めておき，もとの力を対角線とする(⑥　　　　　　　)の作図によって求めることができる。

(3) 3つの力のつり合い　物体に加わる3つの力がつり合っているとき，2つの力の合力と，残りの1つの力がつり合っていて，物体が静止している。この場合，合力は<u>0</u>Nになる。

図1

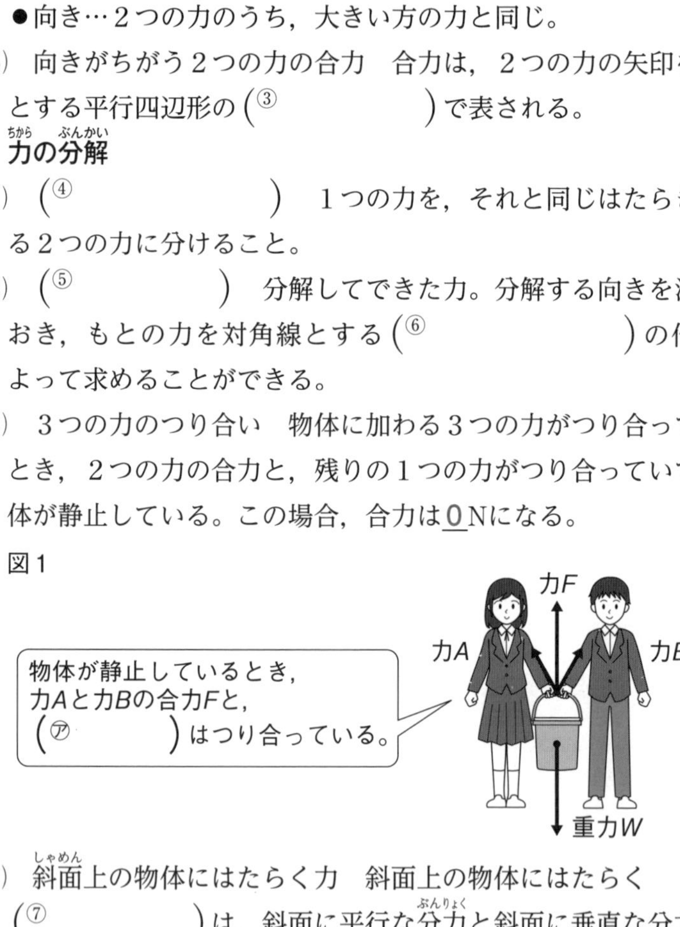

> 物体が静止しているとき，力Aと力Bの合力Fと，
> (㋐　　　　　　)はつり合っている。

力A　力F　力B
重力W

(4) 斜面上の物体にはたらく力　斜面上の物体にはたらく(㋑　　　　　　)は，斜面に平行な分力と斜面に垂直な分力に分解できる。

ココが要点の答えになります。

● 斜面に垂直な分力は，垂直抗力とつり合っている。

● 斜面の角度を大きくすると，斜面に平行な分力は**大きく**，斜面に垂直な分力は**小さく**なる。

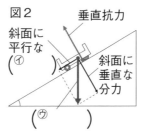

図2

垂直抗力

斜面に平行な（⑦　）

斜面に垂直な分力

（⑦　）

満点 ★ ミッション

② 水中の物体に加わる力

教 p.20〜p.27

1 浮力

(1)　（⑧　　　　　）　水中の物体に加わる**上向き**の力。

(2)　浮力の大きさと体積　浮力の大きさは，水中の物体の体積が**大きい**ほど大きい。

(3)　浮力の大きさと深さ　物体が全て水中にあるとき，浮力の大きさは，深さによって変わらない。

浮力[N] = 物体にはたらく重力の大きさ[N]
　　　　　− 物体を水中に入れたときのばねばかりの値[N]

図3

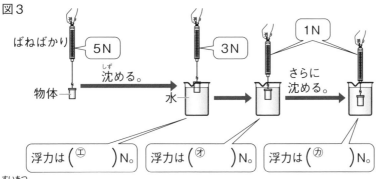

ばねばかり　5N

物体

沈める。

水

3N

さらに沈める。

1N

浮力は（⑦　）N。　浮力は（⑦　）N。　浮力は（⑦　）N。

2 水圧

(1)　（⑨　　　　　）　水中の物体に加わる，水による圧力。

(2)　水圧が加わる向き　物体にあらゆる向きから加わる。

(3)　水圧の大きさと深さ　深さが同じであれば，水圧の大きさは等しい。また，深いところほど，水圧は**大きい**。

図4

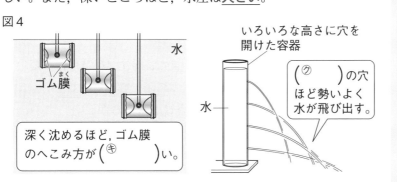

水

ゴム膜

いろいろな高さに穴を開けた容器

水

（⑦　）の穴ほど勢いよく水が飛び出す。

深く沈めるほど，ゴム膜のへこみ方が（⑦　）い。

⑧浮力

物体が水中で受ける上向きの力。物体の水に入っている部分の体積が大きいほど浮力は大きい。

ポイント

浮力が重力より大きいと物体は浮き上がり，浮力が重力より小さいと物体は沈む。

⑨水圧

水中の物体に加わる，水による圧力。

ポイント

物体の底面に加わる上向きの水圧と上面に加わる下向きの水圧の差が浮力になる。

テストに出る！
予想問題

| 1章　力の合成と分解 |
| 2章　水中の物体に加わる力 |

⏱30分　　/100点

1 下の図の①，②で，力F_1の大きさは5N，力F_2の大きさは3Nであった。これについて，あとの問いに答えなさい。ただし，力は全て一直線上にあるものとする。　4点×5〔20点〕

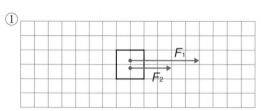

(1) 図の1目盛りは何Nを表しているか。　　　　　（　　　　　）

作図 (2) ①，②で，F_1とF_2の合力Fを，図に矢印で表しなさい。

(3) ①，②で，F_1とF_2の合力Fの大きさはそれぞれ何Nか。　①（　　　　）②（　　　　）

作図 **2** 下の図の①〜③で，F_1とF_2の合力Fをそれぞれ矢印で表しなさい。　3点×3〔9点〕

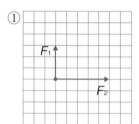 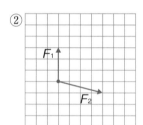 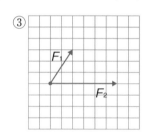

よく出る **3** 下の図の①〜③について，あとの問いに答えなさい。　3点×7〔21点〕

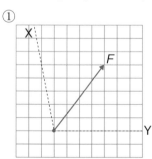 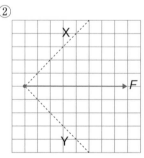 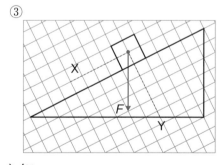

作図 (1) ①〜③の力FのX方向とY方向の分力を矢印で表しなさい。

(2) ③に示された力Fは物体にはたらく何という力か。また，分力Yとつり合っている力を何という力か。　力F（　　　　　）　分力Yとつり合っている力（　　　　　）

(3) ③で，物体を斜面の下の方に置くと，分力Xの大きさはどうなるか。
（　　　　　）

(4) ③で，斜面の角度を大きくすると，分力Xの大きさはどうなるか。
（　　　　　）

4 右の図1のように，物体をばねばかりにつるしたところ，ばねばかりは1.5Nを示した。次に，物体をばねばかりにつるしたまま水中に沈めていき，図2のように，物体の上面まで水中に完全に沈めると，ばねばかりは0.9Nを示した。これについて，次の問いに答えなさい。

5点×6〔30点〕

図1　　　　　図2

(1) この物体にはたらく重力の大きさは何Nか。
（　　　　　　　）

(2) 図1の物体を下面から水中に沈めていくと，ばねばかりの示す値はどうなっていくか。次のア〜ウから選びなさい。（　　　）
　　ア　大きくなっていく。
　　イ　小さくなっていく。
　　ウ　変化しない。

(3) 次の文の（　）にあてはまる言葉を答えなさい。
①（　　　　　　　）②（　　　　　）③（　　　　　）

> 図2で，この物体には，重力の他に（　①　）向きの力である（　②　）が加わっている。この力の大きさは（　③　）Nである。

(4) 図2の物体を，下面が底につかないようにしてさらに水中に深く沈めると，ばねばかりの示す値はどうなるか。(2)のア〜ウから選びなさい。（　　　）

5 右の図1のように，透明なパイプにうすいゴム膜を張り，水槽に沈めたところ，図2のようになった。次の問いに答えなさい。

5点×4〔20点〕

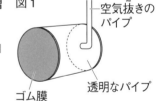

(1) 水中でゴム膜に加わる力を何というか。
（　　　　　　　）

(2) 図1の装置を縦にして水槽に入れると，ゴム膜はどうなるか。次のⓐ〜ⓓから選びなさい。（　　　）

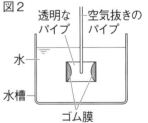

(3) (1)の力は，どのような向きから物体に加わるか。
（　　　　　　　）

(4) 次に，右の図3のように，水を入れたペットボトルを用意し，A〜Cの3か所に穴を開けた。水が最も勢いよく飛び出すのは，どの穴か。A〜Cから選びなさい。

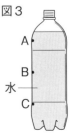

（　　　　　　　）

単元1 運動とエネルギー

3章 物体の運動

解答 p.2

テストに出る！ ココが要点

① 運動の表し方

教 p.29〜p.35

1 運動のようす

(1) 物体の運動…速さと向きで表す。

(2) 運動の（① 　　　　　） 一定の時間に物体が移動した距離で表す。単位はcm/s，m/s，km/hなど。

$$速さ[m/s] = \frac{移動した距離[m]}{移動にかかった時間[s]}$$

(3) （② 　　　　　） 速さの変化を考えず，物体が一定の速さで移動したと考えて求めた速さ。

(4) （③ 　　　　　） ごく短い時間に移動した距離を，移動にかかった時間でわって求めた速さ。

2 運動の記録

(1) （④ 　　　　　）
一定の時間間隔でテープに点を打つ器具。

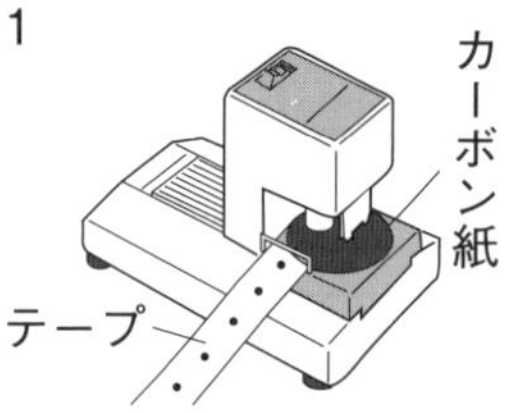

(2) 運動の速さとテープの打点の間隔

図1

カーボン紙

テープ

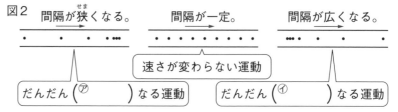

図2

間隔が狭くなる。　　間隔が一定。　　間隔が広くなる。

速さが変わらない運動

だんだん（⑦ 　　）なる運動　　だんだん（④ 　　）なる運動

② 力と運動

教 p.36〜p.47

1 力を受けていないときの物体の運動

(1) （⑤ 　　　　　） 運動の向きに力を受けていない物体が一定の速さで一直線上を進む運動。

図3

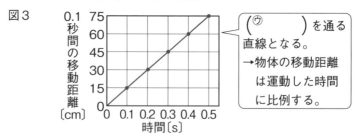

（⑦ 　　）を通る直線となる。
→物体の移動距離は運動した時間に比例する。

（グラフ）0.1秒間の移動距離〔cm〕：75, 60, 45, 30, 15, 0 ／ 時間〔s〕：0 0.1 0.2 0.3 0.4 0.5

満点ミッション

①速さ
一定の時間に物体が移動した距離。

②平均の速さ
速さの変化を考えず，物体が一定の速さで移動したと考えて求める。

③瞬間の速さ
ごく短い時間に移動した距離を移動にかかった時間でわって求める。速度計に表示される速さ。

④記録タイマー
一定の時間間隔で，テープに点を打つ器具。テープに記録された打点の間隔から一定時間ごとの物体の移動距離がわかる。

⑤等速直線運動
速さが一定で，一直線上を進む運動。

ココが要点の答えになります。

[2] 力を受け続けるときの物体の運動

(1) 斜面を下る運動　運動の向きに力を受け続ける。

- 速さ…時間とともに一定の割合で変化する。
- 速さの変化の割合…物体が受ける力が大きいほど，大きい。

(2) 斜面を下る運動と斜面の角度　斜面の角度によって台車が運動の向きに受ける力の大きさが変化する。

図4

運動の向きに受ける力が（^{⑤}　　　）なる。

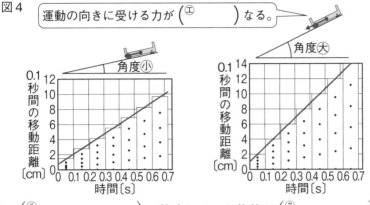

(3) （^{⑥}　　　　　）　静止していた物体が（^{⑦}　　　　　）だけを受けて真下に落下する運動。

(4) 力の向きと運動　物体は力を受ける向きによって速さや運動の向きが変化する。

- 運動と同じ向きに力を受ける…速さが**増加**する。
- 運動と反対向きに力を受ける…速さが**減少**する。
- 運動と異なる向きに力を受ける…速さと向きが変化する。

(5) （^{⑧}　　　　　）　物体がそれまでの運動を続けようとする性質。

(6) （^{⑨}　　　　　）　力を加えない限り，静止している物体は静止し続け，運動している物体は等速直線運動を続けること。

③ 作用と反作用

教 p.48〜p.49

[1] 作用と反作用

(1) 作用と（^{⑩}　　　　　）　物体Aが物体Bに力を加えたとき，物体Aは物体Bから力を受ける。

- 作用と反作用の大きさは**等しい**。
- 作用と反作用は**一直線上**にある。
- 作用と反作用の向きは，**反対**である。
- つり合っている2つの力は，**同じ物体**に加わっているが，作用・反作用の2つの力は**異なる物体**に加わっている。

⑥**自由落下運動**
　静止していた物体が真下に落下する運動。斜面の角度を90°にしたときと考える。空気の抵抗がない真空中では物体の質量に関係なく一定の割合で速くなる。

⑦**重力**
　地球上のあらゆる物体に常にはたらく，地球の中心に向かって引かれる力。

⑧**慣性**
　物体がそれまでの運動を続けようとする性質。

⑨**慣性の法則**
　外から力を加えない限り，静止している物体はいつまでも静止し続け，運動している物体はいつまでも等速直線運動を続けるという法則。物体が力を受けていても，合力が0Nであれば成り立つ。

⑩**反作用**
　物体に力を加えたときの，作用に対してはたらく，もう一方の力。

予想問題　3章　物体の運動－①

⏱ 30分

/100点

1 右の図の運動について，次の問いに答えなさい。　　　　　　　　5点×3〔15点〕

(1) 速さだけが変わる運動はどれか。図の⑦〜⑤から選びなさい。　（　　）

(2) 向きだけが変わる運動はどれか。図の⑦〜⑤から選びなさい。　（　　）

(3) 速さも向きも変わる運動はどれか。図の⑦〜⑤から選びなさい。　（　　）

⑦ 観覧車

⑦ 床をはねるボール

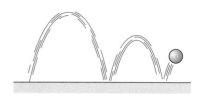

⑤ 斜面上を下る台車

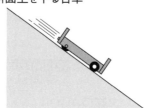

⑤ 摩擦のない水平面を滑る物体

2 いろいろな運動を0.2秒ごとの連続写真で撮影したところ，図のようになった。次の問いに答えなさい。ただし，物体は全て左から右へ移動するものとする。　　　5点×4〔20点〕

(1) だんだん速くなる運動をしているのはどれか。図の⑦〜⑤から選びなさい。　（　　）

(2) だんだん遅くなる運動をしているのはどれか。図の⑦〜⑤から選びなさい。　（　　）

(3) 速さが一定の運動をしているのはどれか。図の⑦〜⑤から選びなさい。　（　　）

(4) ⑦で，ドライアイスが，AからBまで移動したときの速さは，何m/sか。　（　　）

⑦ ドライアイス

A ←―――― 1.5m ――――→ B

⑦

⑤

3 速さについて，次の問いに答えなさい。　　　　　　　　　　　5点×3〔15点〕

(1) A市からB市まで72kmの距離を自動車で走ったら1時間30分かかった。このときの平均の速さは何km/hか。　　　　　　　　　　　　　（　　　　　）

(2) 自動車が60km/hの速さで20分間走ったとき，何km進んだか。　（　　　　　）

(3) 自転車をこいで，4m/sの速さで5分間走ったとき，何m進むか。　（　　　　　）

4 電車の運転席にある速度計の針はいつも動いていて，電車は一定の速さで走っているのではないことがわかる。あるとき，速度計の針は90km/hを示していた。また，この電車は，A駅からB駅までの30kmを30分で走った。次の問いに答えなさい。　　5点×3〔15点〕

(1) この電車が，A駅からB駅まで走った速さは何km/hか。移動距離をかかった時間でわって求めなさい。　　（　　　　　）

(2) (1)で求めた速さのことを何というか。　　（　　　　　）

(3) 速度計が示していた90km/hのような速さのことを何というか。　（　　　　　）

5 $\frac{1}{50}$秒ごとに打点する記録タイマーを使って，テープをつけた物体の運動を記録した。これについて，次の問いに答えなさい。　　5点×4〔20点〕

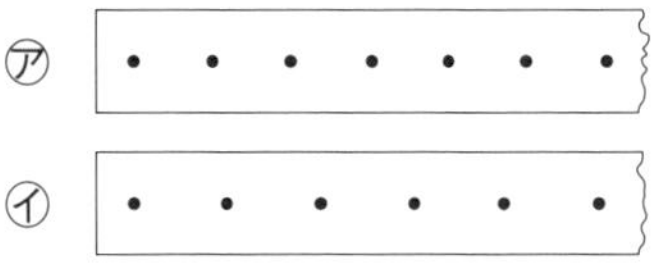

(1) 図1のテープで，物体が4cm移動するのにかかった時間は何秒か。　　（　　　　　）

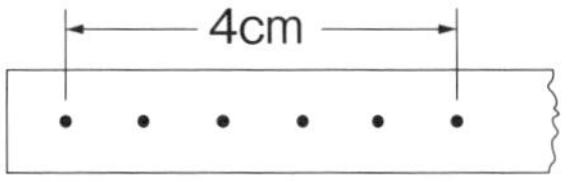

(2) 図1のテープで，4cm移動したときの速さは何cm/sか。　（　　　　　）

(3) 図2の㋐，㋑で，物体の運動が速かったのはどちらか。　（　　　）

【記述】(4) (3)で，選んだ理由を簡単に答えなさい。
（　　　　　　　　　　　　　　　　　　　）

図1　⊢4cm⊣

図2　㋐　㋑

よく出る **6** 右の図1のような台車にテープをつけ，台車が斜面を下る運動を記録タイマーで記録した。図2は，そのとき打点されたテープ，図3は，テープを6打点ごとに切って，左から貼りつけたものである。次の問いに答えなさい。ただし，記録タイマーは$\frac{1}{60}$秒ごとに打点するものとする。　　3点×5〔15点〕

図1　台車　記録タイマー　テープ　a

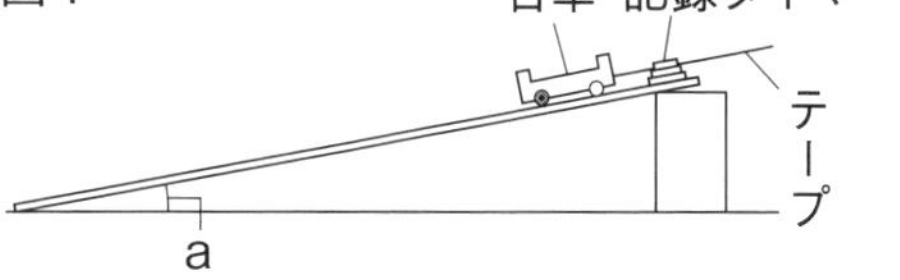

図2　①②③

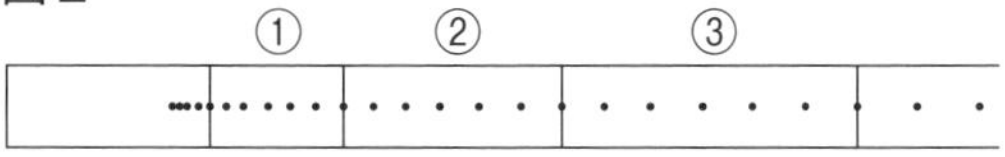

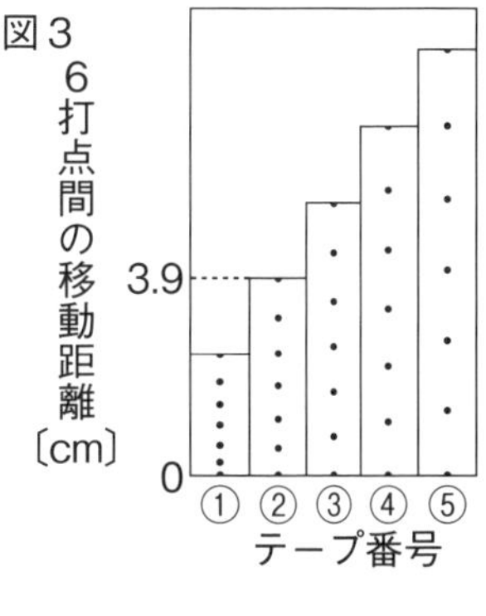

(1) 台車は斜面に平行な向きに力を受けているか，受けていないか。　（　　　　　）

(2) (1)の力は，斜面上のどこでも一定か。　（　　　　　）

(3) 台車の速さは，しだいにどうなるか。　（　　　　　）

(4) ②のテープを打点したときの台車の平均の速さは何cm/sか。　（　　　　　）

(5) 斜面の角度aを大きくすると，台車の速さの変化の割合はどうなるか。　（　　　　　）

図3　6打点間の移動距離〔cm〕　3.9　①②③④⑤　テープ番号

9

テストに出る!

予想問題

3章　物体の運動－②

⏱30分

/100点

よく出る **1** 右の図1は，ある物体の運動のようすを 0.1秒ごとに記録したものである。これについて，次の問いに答えなさい。

5点×6〔30点〕

図1

物体　　　　　　　　　　　運動の向き →

13　14　15cm　16　17　18　19　20cm　21　22

(1) この物体は，運動の向きに力を受けているか，受けていないか。　　　　　　　（　　　　　　　）

(2) この物体が行っている運動を何というか。　　　　　　　（　　　　　　　）

(3) このときの物体の速さは何cm/sか。　　　　　　　（　　　　　　　）

作図 (4) この物体の運動の時間と速さの関係を表すグラフを，図2にかきなさい。

図2

速さ〔cm/s〕
50
40
30
20
10
0
0　0.1　0.2　0.3　0.4　0.5
時間〔s〕

(5) この物体の運動の時間と移動距離の関係を表すグラフを，次の㋐～㋒から選びなさい。　　　　　　　（　　　　　　　）

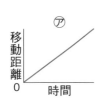
㋐

㋑

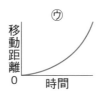
㋒

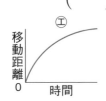
㋓

(6) 運動している物体が力を受けていないか，受けている力がつり合っているとき，物体は(2)の運動を続ける。このような法則を何というか。　　　　　　　（　　　　　　　）

2 下の図1の斜面とそれに続くなめらかな水平面上での台車の運動を，1秒間に50回打点する記録タイマーを用いて調べた。図2は，記録テープを最初の打点から5打点ごとに切って，左から順に並べたものである。あとの問いに答えなさい。

5点×3〔15点〕

図1

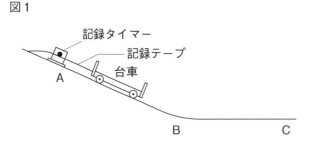

図2

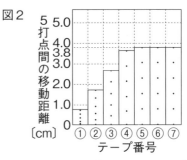

5打点間の移動距離〔cm〕
5.0
4.0
3.8
3.0
2.0
1.0
0
①②③④⑤⑥⑦
テープ番号

(1) 図1で，台車が運動の向きに力を受けているのはどの区間か。　　　　　　　（　　　　　　　）

(2) 図1で，台車が等速直線運動をしているのはどの区間か。　　　　　　　（　　　　　　　）

(3) 台車が(2)の運動をしているときの速さは何cm/sか。　　　　　　　（　　　　　　　）

3 下の図1のように，おもりにテープをつけ，テープを$\frac{1}{60}$秒ごとに打点する記録タイマーに通して手を静かに離し，おもりの自由落下運動について調べた。記録したテープは，図2のように最初の打点から6打点ごとに区切り，①，②，③…として，番号ごとに切り離し，図3のように貼りつけた。あとの問いに答えなさい。　　　　　　　7点×5〔35点〕

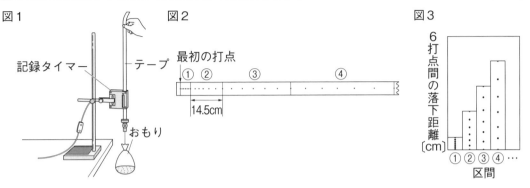

図1　記録タイマー　テープ　おもり
図2　最初の打点　① ②　③　④　14.5cm
図3　6打点間の落下距離〔cm〕　① ② ③ ④ …　区間

(1) 自由落下運動では，静止していた物体がどのような力を受けて落下するか。
（　　　　　　　　　　）

(2) (1)の大きさは，図2の①を打点したときと④を打点したときとでは同じ大きさか，ちがう大きさか。（　　　　　　　　　　）

(3) 実験に用いた記録タイマーが6打点する時間は何秒か。（　　　　　　　　　　）

(4) 図2の区間②の長さは14.5cmであった。区間②のおもりの平均の速さは何cm/sか。
（　　　　　　　　　　）

(5) 図3より，おもりが落下するにつれて，速さはどうなっているか。
（　　　　　　　　　　）

4 力を受けていない運動や力をおよぼし合う運動について，次の問いに答えなさい。
5点×4〔20点〕

(1) 図1で，Aの方向へ走っていた電車が急に止まると，乗客は㋐，㋑のどちらに傾くか。（　　　）

(2) 止まっていた電車がAの方向に急発進すると，乗客は㋐，㋑のどちらに傾くか。（　　　）

(3) 物体のもつ(1)，(2)のような性質を何というか。
（　　　　　　　　　）

(4) 図2で，ローラースケートをはいたAさんとBさんが向かい合って立ち，AさんがBさんを押した。2人はどのような動きをするか。次のア〜ウから選びなさい。（　　　）

ア　Bさんだけが動く。　イ　2人が反対方向に動く。
ウ　2人ともくっついたまま，右方向に動く。

図1　A
㋐ ㋑
図2
Aさん　Bさん
左 ← 　 → 右

4章　仕事とエネルギー(1)

解答 p.3

① 仕事

教 p.50〜p.57

1 仕事の大きさ

(1) エネルギーと仕事　物体に力を加えて，力の向きに物体が動いたとき，力が物体に対して（①　　　　　）をしたという。

● 仕事の大きさ…力の大きさと力の向きに動かした距離の積で表す。

● 仕事の単位…（②　　　　　），記号（③　　　）

仕事[J] ＝ 力の大きさ[N] × 力の向きに動かした距離[m]

(2) 物体を持ち上げる仕事　（④　　　　　）とつり合う上向きの力で持ち上げるので，物体にはたらく重力と持ち上げた距離の積で表す。

図1

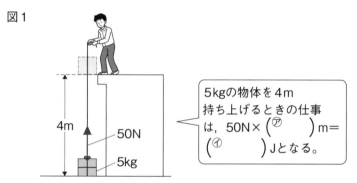

5kgの物体を4m
持ち上げるときの仕事
は，50N×（⑦　　　）m＝
（⑦　　　）Jとなる。

4m　　50N　　5kg

(3) 物体を床の上で動かす仕事　（⑤　　　　　）と同じ大きさで，向きが反対の力を加え続けるので，物体に加わる摩擦力と動かした距離の積で表す。

図2

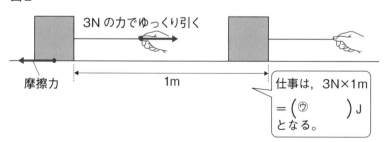

3N の力でゆっくり引く

摩擦力　　　1m

仕事は，3N×1m
＝（⑦　　　）J
となる。

(4) 仕事が0Jになる場合

● 物体に力を加えても物体が動かない場合。

● 物体に加わる力と物体の移動の向きが垂直な場合。

満点★ミッション

①仕事
　物体を動かしたときの，加えた力の大きさと力の向きに動かした距離との積。

②ジュール
　仕事の単位。Jと書く。

③J
　仕事の単位。ジュールと読む。

④重力
　地球上のあらゆる物体に常にはたらく，地球の中心に向かって引かれる力。

⑤摩擦力
　床の上で物体を動かしたときに物体に加わる，運動の向きと反対向きの力。

ココが要点の答えになります。

2 仕事の原理

(1) (⑥　　　　　) 滑車やてこなどの道具や斜面を使って力を小さくしても，物体を動かす距離が長くなるので，道具や斜面を使わないときと，仕事の大きさは<u>変わらない</u>ということ。

図3

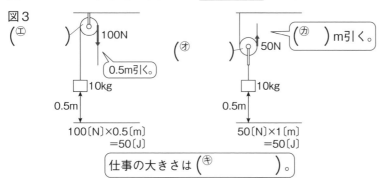

(エ　　) 100N
0.5m引く。
10kg
0.5m
100〔N〕×0.5〔m〕=50〔J〕

(オ　　) 50N
(カ　　) m引く。
10kg
0.5m
50〔N〕×1〔m〕=50〔J〕

仕事の大きさは (⑧　　　　　)。

3 仕事率

(1) (⑦　　　　　) １秒当たりにする仕事の大きさ。
●仕事率の単位…(⑧　　　　)，記号 (⑨　　)

$$仕事率〔W〕 = \frac{仕事〔J〕}{仕事に要した時間〔s〕}$$

② エネルギー

教 p.58〜p.63

1 エネルギー

(1) (⑩　　　　　) 他の物体に対して仕事をする能力。
●エネルギーの単位…(⑪　　　　)，記号 (⑫　　)

(2) (⑬　　　　　) 高いところにある物体がもつエネルギー。物体の位置が<u>高い</u>ほど，物体の質量が<u>大きい</u>ほど大きい。

図4

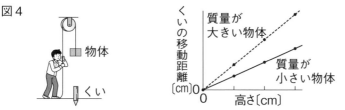

物体
くい

く い の 移 動 距 離〔cm〕
質量が大きい物体
質量が小さい物体
0 高さ〔cm〕

(3) (⑭　　　　　) 運動している物体がもつエネルギー。運動の速さが<u>大きい</u>ほど，物体の質量が<u>大きい</u>ほど大きい。

図5

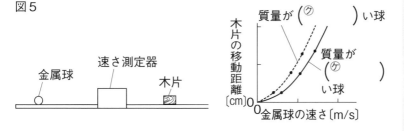

金属球
速さ測定器
木片

木片の移動距離〔cm〕
質量が (⑦　　) い球
質量が (⑦　　) い球
0 金属球の速さ〔m/s〕

⑥<u>仕事の原理</u>
道具を使うと力を小さくできるが，物体を動かす距離が長くなり，仕事の大きさは変わらないということ。

⑦<u>仕事率</u>
１秒当たりの仕事の大きさ。

⑧<u>ワット</u>
仕事率の単位。Wと書く。1W=1J/s

⑨<u>W</u>
仕事率の単位。ワットと読む。

⑩<u>エネルギー</u>
物体が他の物体に対して仕事をする能力。物体が仕事をする能力があるとき，その物体はエネルギーをもっているという。

⑪<u>ジュール</u>
エネルギーの単位。Jと書く。

⑫<u>J</u>
エネルギーの単位。ジュールと読む。

⑬<u>位置エネルギー</u>
高いところにある物体がもっているエネルギー。

⑭<u>運動エネルギー</u>
運動している物体がもっているエネルギー。

テストに出る！

予想問題　4章　仕事とエネルギー(1)

⏱ 30分

/100点

1 右の図1のように，質量400gの物体Aをばねばかりにつるしてゆっくり3m持ち上げた。次に，図2のように，質量500gの物体Bをばねばかりにつるしてゆっくり2m持ち上げた。このとき物体A，Bにした仕事について，次の問いに答えなさい。ただし，質量100gの物体にはたらく重力の大きさを1Nとする。

4点×6〔24点〕

(1) 図1で，物体Aを持ち上げている力は，物体Aにはたらく何という力とつり合っているか。

（　　　　　　　　）

(2) 図1，2で，ばねばかりはそれぞれ何Nを示しているか。

図1（　　　　　　　）
図2（　　　　　　　）

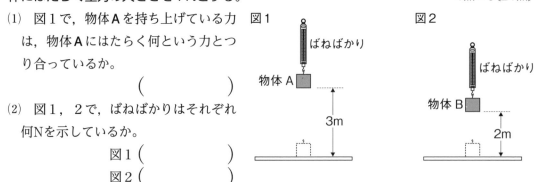

図1　ばねばかり　物体A　3m

図2　ばねばかり　物体B　2m

(3) 図1，2で，物体A，Bにした仕事は，それぞれ何Jか。

物体A（　　　　　　　）　物体B（　　　　　　　）

(4) 物体Aを床から50cmの高さに保ったまま，水平方向に3m移動した。このとき物体Aにした仕事は何Jか。　　　　（　　　　　　　）

2 下の図のように，質量300gの物体を水平面でゆっくり引いたところ，ばねばかりが2.2Nを示したときに物体が動き出した。これについて，あとの問いに答えなさい。ただし，質量100gの物体にはたらく重力の大きさを1Nとする。

4点×4〔16点〕

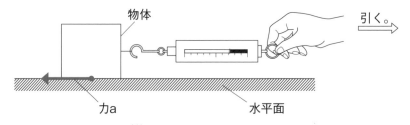

物体　引く。

力a　水平面

(1) 図の力aは，物体の運動を妨げる向きに加わっている。この力を何というか。

（　　　　　　　　）

(2) ばねばかりが1Nを示したとき，物体は動かなかった。このときの仕事は何Jか。

（　　　　　　　　）

(3) 物体が動いているときの力aは何Nか。

（　　　　　　　　）

(4) ばねばかりが2.2Nを示したまま物体を30cm引いた。このときの仕事は何Jか。

（　　　　　　　　）

3 下の図の①〜③のようにして，質量1kgの物体Aを引き上げる実験を行った。これについて，あとの問いに答えなさい。ただし，糸や滑車の質量，摩擦力は考えないものとし，質量100gの物体にはたらく重力の大きさを1Nとする。

4点×9〔36点〕

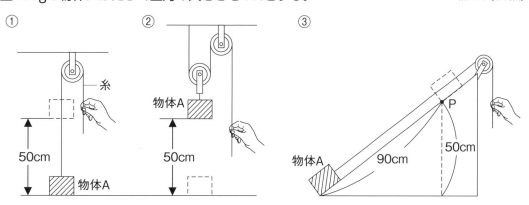

(1) ①，②で物体Aを床から50cm引き上げるには，それぞれひもを何cm引き下げればよいか。

①（　　　　　） ②（　　　　　）

(2) ①，②で物体Aを引き上げるには，糸を何Nの力で引く必要があるか。

①（　　　　　） ②（　　　　　）

(3) ①〜③で，物体Aを高さ50cmまで引き上げたときの仕事の大きさは何Jか。

①（　　　　　） ②（　　　　　） ③（　　　　　）

(4) 仕事の大きさが(3)のようになることを何というか。　　　（　　　　　）

(5) ③で，物体AをPまで引き上げるのに5秒かかった。このときの仕事率は何Wか。

（　　　　　）

4 下の図1のように，斜面と水平な面のあるレールを用いて斜面上から小球を転がし，レール上に置いた木片に当て，木片の移動距離を調べた。図2は，同じ小球を高さを変えて転がしたときの結果で，図3は，質量の異なる小球を同じ高さから転がしたときの結果である。これについて，あとの問いに答えなさい。

6点×4〔24点〕

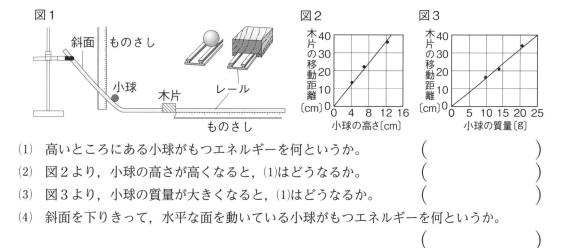

(1) 高いところにある小球がもつエネルギーを何というか。　（　　　　　）

(2) 図2より，小球の高さが高くなると，(1)はどうなるか。　（　　　　　）

(3) 図3より，小球の質量が大きくなると，(1)はどうなるか。　（　　　　　）

(4) 斜面を下りきって，水平な面を動いている小球がもつエネルギーを何というか。

（　　　　　）

4章　仕事とエネルギー(2)

①位置エネルギー
高いところにある物体がもっているエネルギー。

②運動エネルギー
運動している物体がもっているエネルギー。

③力学的エネルギー
位置エネルギーと運動エネルギーの和。

④力学的エネルギーの保存
摩擦力や空気の抵抗がなければ，力学的エネルギーは保存される。

テストに出る！ ココが要点　解答 p.4

① 力学的エネルギーの保存　教 p.64〜p.65

1 いろいろな運動とエネルギー

(1) 斜面を下る運動とエネルギー　台車が斜面を下るとき，台車の位置エネルギーが運動エネルギーに移り変わるため，台車の（①　　　　　）はしだいに減少し，（②　　　　　）はしだいに増加する。

(2) 振り子の運動とエネルギー　振り子の運動では，位置エネルギーと運動エネルギーが互いに移り変わっている。

2 力学的エネルギーの保存

(1) （③　　　　　）　位置エネルギーと運動エネルギーの和。

(2) （④　　　　　）　力学的エネルギーが一定に保たれるということ。

力学的エネルギー＝位置エネルギー＋運動エネルギー＝一定

図1

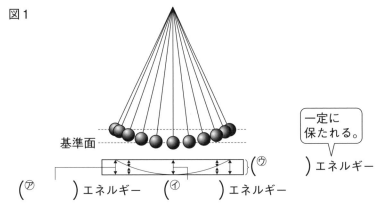

基準面

一定に保たれる。

（⑦　　　）エネルギー

（⑦　　　）エネルギー　（⑦　　　）エネルギー

② エネルギーとその移り変わり　教 p.66〜p.71

1 いろいろなエネルギー

(1) （⑤　　　　　）　変形したばねやゴムがもとの形に戻ろうとするとき，ばねやゴムがもつエネルギー。

(2) （⑥　　　　　）　モーターを回転させたり，電球の明かりをつけたりする，電気がもつエネルギー。

(3) （⑦　　　　　）　水を加熱して水蒸気を発生させると，羽根車を回転させることができる。このような，熱がもつエネルギー。

⑤弾性エネルギー
変形したゴムやばねがもつエネルギー。

⑥電気エネルギー
電気がもつエネルギー。

⑦熱エネルギー
熱がもつエネルギー。

(4) (⑧　　　　　　　　　) 光電池（太陽電池）に光を当てると，電気エネルギーをつくり出すことができる。このような，光がもつエネルギー。

(5) (⑨　　　　　　　　　) 音は空気などを振動（しんどう）させる。このような，音の波がもつエネルギー。

(6) (⑩　　　　　　　　　) 石油やガスなどが燃えると熱エネルギーが発生する。このような，物質がもつエネルギー。

(7) (⑪　　　　　　　　　) 原子核（げんしかく）のつくりの変化によって発生するエネルギー。

2 エネルギーの移り変わり

(1) エネルギーの移り変わり　エネルギーは，互いに移り変わることができる。

図2

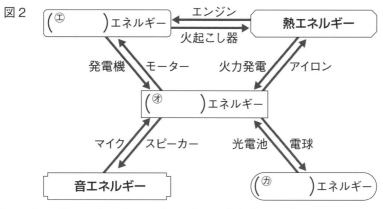

(2) エネルギーの大きさ　エネルギーの大きさは，全て
(⑫　　　　　　　　　)（記号J）という単位で表す。

③ エネルギーの保存と利用の効率　教 p.72〜p.73

1 エネルギーの保存と利用の効率

(1) (⑬　　　　　　　　　) エネルギーが移り変わる前後で，エネルギーの総量は一定で，変化しないこと。

(2) (⑭　　　　　　　　　) 消費したエネルギーに対する，利用できるエネルギーの割合。

④ 熱エネルギーとその利用　教 p.74〜p.75

1 熱の伝わり方

(1) (⑮　　　　　　　) 温度が高い部分から低い部分へ熱が移動して伝わる現象。物体そのものは移動しない。

(2) (⑯　　　　　　　) 液体や気体の移動によって熱が伝わる現象。

(3) (⑰　　　　　　　) 離れた物体の間で熱が伝わる現象。

満点★ミッション

⑧光（ひかり）エネルギー
　光がもつエネルギー。

⑨音（おと）エネルギー
　音の波がもつエネルギー。

⑩化学（かがく）エネルギー
　物質がもっているエネルギー。

⑪核（かく）エネルギー
　原子核の状態の変化に関係しているエネルギー。

⑫ジュール
　エネルギーの大きさを表す単位。

⑬エネルギーの保存
　エネルギーが移り変わる前後で，エネルギーの総量は常に一定に保たれるということ。

⑭エネルギー変換効率（へんかんこうりつ）
　消費したエネルギーに対する，利用できるエネルギーの割合。

⑮伝導（熱伝導）（でんどう）
　温度の高い部分から低い部分へ熱が移動することで熱が伝わる現象。

⑯対流（たいりゅう）
　液体や気体の移動により熱が伝わる現象。

⑰放射（熱放射）（ほうしゃ）
　離れた物体の間で熱が伝わる現象。

テストに出る！
予想問題

4章　仕事とエネルギー(2)

⏱30分

/100点

よく出る **1** 右の図は，Aと同じ高さから動き出したジェットコースターの運動を模式的に示したものである。BC，EFは同じ高さにある。これについて，次の問いに答えなさい。

5点×6〔30点〕

(1) Aにあったジェットコースターが斜面ABを下った。このとき，何というエネルギーが大きくなるか。
（　　　　　）

(2) (1)のエネルギーが最大になるのはどの区間か。次のア〜オからすべて選びなさい。　（　　　　　）
　ア 区間AB　イ 区間BC　ウ 区間CD　エ 区間DE　オ 区間EF

(3) 区間CDのように，斜面を上るときには，何というエネルギーが大きくなるか。
（　　　　　）

(4) 区間DEのように，斜面を下るときには，何というエネルギーが大きくなるか。
（　　　　　）

(5) しだいに速さが減少する区間はどこか。(2)のア〜オから選びなさい。　（　　　）

(6) Fの先にAと同じ高さのGと，Aより高いHがあるとすると，このジェットコースターはどこまで上れるか。摩擦力や空気の抵抗はなく，力学的エネルギーが保存されるものとして，次のア〜ウから選びなさい。　（　　　）
　ア FとGの間　イ G　ウ GとHの間

2 右の図は，振り子の運動を表している。摩擦力や空気の抵抗はないものとして，次の問いに答えなさい。

6点×5〔30点〕

(1) おもりの速さが最も速い場所はどこか。図のⒶ〜Ⓞから選びなさい。　（　　　）

(2) 運動エネルギーが最も大きい場所はどこか。図のⒶ〜Ⓞから選びなさい。　（　　　）

(3) 位置エネルギーが最も大きい場所はどこか。図のⒶ〜Ⓞからすべて選びなさい。
（　　　　　）

(4) 位置エネルギーと運動エネルギーの和を何というか。
（　　　　　）

(5) (4)は，時間とともに変わるか。
（　　　　　）

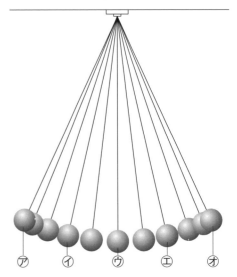

3 右の図は，ガスバーナーでガスを燃やし，フラスコの中の水を沸騰^{ふっとう}させて羽根車を回転させ，さらに回転する羽根車がクリップを糸で引き上げているところである。これについて，次の問いに答えなさい。　5点×4〔20点〕

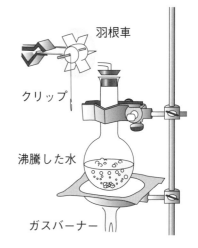

羽根車

クリップ

沸騰した水

ガスバーナー

(1) 羽根車は何によって回転しているか。
（　　　　　）

(2) (1)で答えたものがもつエネルギーは何か。次の**ア**〜**カ**から選びなさい。
（　　　　　）

　　ア　弾性エネルギー　　**イ**　電気エネルギー
　　ウ　熱エネルギー　　　**エ**　光エネルギー
　　オ　化学エネルギー　　**カ**　音エネルギー

(3) (2)のエネルギーは，羽根車を回転させたことから，何エネルギーに変換されたといえるか。
（　　　　　）

(4) 羽根車が回転し，クリップが高いところへ引き上げられた。これによって，クリップの何エネルギーが増加したか。
（　　　　　）

4 下の図1は，80℃の水が入ったビーカーBに30℃の水が入ったビーカーAを入れたものである。図2は，水の入ったビーカーを加熱しているようすである。これについて，あとの問いに答えなさい。
5点×4〔20点〕

図1

ビーカーA
30℃の水

ビーカーB
80℃の水

図2

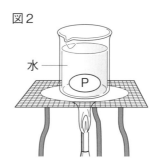

水

P

(1) 図1で，熱はどちらのビーカーからどちらのビーカーに伝わるか。次の**ア**，**イ**から選びなさい。
（　　　　　）
　　ア　ビーカーAからビーカーB
　　イ　ビーカーBからビーカーA

(2) (1)のように熱が伝わることを何というか。（　　　　　）

(3) 図2で，水を加熱すると，どのように熱が伝わるか。次の**ア**，**イ**から選びなさい。
（　　　　　）

　　ア　Pの部分であたたまった水が上へ，上部の冷たい水が下へ移動することで熱が伝わる。
　　イ　Pの部分で水があたたまり，少しずつ熱が上の方へ広がっていく。

(4) (3)のように熱が伝わることを何というか。（　　　　　）

1章　生物の成長とふえ方

テストに出る！ **ココが要点**　解答 p.5

① 生物の成長と細胞　教 p.88〜p.93

1 生物の成長と細胞分裂（さいぼうぶんれつ）

(1) （①　　　　　）　1つの細胞が2つに分かれること。2つに分かれた細胞は，もとの細胞より小さくなるが，その後，体積が大きくなる。このようにして，生物の体全体が成長する。

(2) （②　　　　　）　細胞分裂するときに，細胞の中に見られるひも状のもの。形質（けいしつ）を表すもとになる遺伝子（いでんし）が存在する。

(3) （③　　　　　）　細胞分裂の前に，それぞれの染色体と同じものが1つずつつくられ，染色体（せんしょくたい）の数が2倍になること。

(4) （④　　　　　）　複製（ふくせい）された染色体が2つに分かれて新しい2つの細胞の核となるような細胞のふえ方。

図1 ●植物の体細胞分裂●

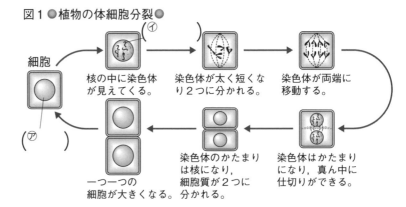

細胞

（⑦　　　）（⑦　　　）

核の中に染色体が見えてくる。

染色体が太く短くなり2つに分かれる。

染色体が両端に移動する。

一つ一つの細胞が大きくなる。

染色体のかたまりは核になり，細胞質が2つに分かれる。

染色体はかたまりになり，真ん中に仕切りができる。

② 生物の子孫の残し方　教 p.94〜p.105

1 無性生殖（む せいせいしょく）

(1) （⑤　　　　　）　生物が自分と同じ種類の新しい個体（子）をつくること。

(2) （⑥　　　　　）　体細胞分裂により新しい個体をつくる生殖。

●体が2つに分裂して新しい個体をつくるもの
　例ゾウリムシ，ミカヅキモ

●体の一部から芽が出て膨（ふく）らみ，新しい個体となるもの
　例ヒドラ，出芽酵母（しゅつ が こう ぼ）

●植物の体の一部から新しい個体をつくるもの
　…（⑦　　　　　）という。例ジャガイモ

満点★ミッション

①細胞分裂
　1つの細胞が2つの細胞に分かれること。

②染色体
　細胞分裂のときに細胞の核に変化が起きて見えるようになる，ひも状のもの。

③複製
　細胞分裂の前に，細胞にあるそれぞれの染色体と同じものがもう1つずつつくられ，染色体の数が2倍になること。

④体細胞分裂（たいさいぼうぶんれつ）
　複製されて2倍になった染色体が，2つに分裂した新しい細胞にそれぞれ入るという分裂のしかた。

⑤生殖（せいしょく）
　生物が自分と同じ種類の新しい個体をつくること。

⑥無性生殖
　体細胞分裂によって新しい個体をつくる生殖。

⑦栄養生殖（えいようせいしょく）
　植物の体の一部から新しい個体ができる無性生殖。

2 有性生殖

(1) (⑧   )　生殖細胞によって新しい個体をつくる生殖。

(2) (⑨   )　卵細胞，精細胞，卵，精子など，有性生殖に関係する特別な細胞。

- (⑩   )…植物の生殖細胞の1つ。被子植物では花粉の中にできる。
- (⑪   )…植物の生殖細胞の1つ。被子植物では胚珠の中にできる。
- (⑫   )…動物の生殖細胞の1つ。雄の精巣でつくられる。
- (⑬   )…動物の生殖細胞の1つ。雌の卵巣でつくられる。

(3) (⑭   )　植物の受精卵，または動物の受精卵が，細胞分裂して成長する過程での未熟な個体。

(4) (⑮   )　受精卵が，細胞分裂を繰り返して親と同じような形へと成長する過程。

図2 ●植物の有性生殖●

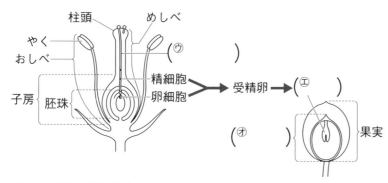

図3 ●動物の有性生殖●

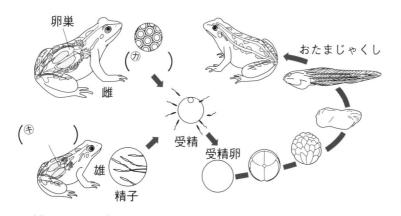

(5) (⑯   )　生殖細胞がつくられるときに行われる特別な細胞分裂。生殖細胞の染色体の数は，もとの細胞の半分になる。

⑧**有性生殖**
生殖細胞によって新しい個体をつくる生殖。親と子，子どうしの間で形質が異なることがある。

⑨**生殖細胞**
卵細胞，精細胞，卵，精子など。

⑩**精細胞**
植物の生殖細胞。被子植物の花粉の中にできる。

⑪**卵細胞**
植物の生殖細胞。被子植物の胚珠の中にできる。

⑫**精子**
動物の雄の精巣でつくられる。

⑬**卵**
動物の雌の卵巣でつくられる。

⑭**胚**
受精卵が，細胞分裂して成長する過程での未成熟な個体。

⑮**発生**
受精卵が，細胞分裂を繰り返して親と同じような形へと成長する過程。

⑯**減数分裂**
生殖細胞がつくられるときに行われる，特別な細胞分裂。

テストに出る！
予想問題

1章 生物の成長とふえ方

⏱ 30分

/100点

1 右の図1のようにのびたタマネギの根の一部分を切りとり，顕微鏡で観察したところ，図2のように見えた。次の問いに答えなさい。
3点×7〔21点〕

(1) 根をある薬品と染色液の混合液に入れて，しばらくおいた。ある薬品とは何か。

（　　　　　）

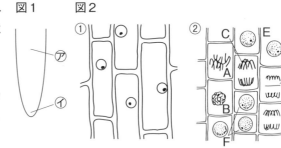

図1　図2

(2) (1)の薬品を用いた理由を次のア～ウから選びなさい。　（　　　）

ア　染色液に染まりやすくするため。

イ　細胞を一つ一つ離れやすくするため。

ウ　細胞を膨張させて，観察しやすくするため。

(3) 図2の①，②は，それぞれ図1の㋐，㋑のどちらの部分を観察したものか。

①（　　　）　②（　　　）

(4) 図2の②のAの中に見られるひも状のものを何というか。　（　　　　　）

(5) (4)の数は細胞が分かれる前にどのようになるか。次のア～ウから選びなさい。（　　　）

ア　4倍になる。　　イ　2倍になる。　　ウ　半分になる。

(6) 図2の②のA～Fを細胞分裂の順に並べなさい。ただしEを最初とする。

（E→　　　→　　　→　　　→　　　）

2 右の図1は，ゾウリムシが分裂してなかまをふやすようすである。図2は，動物の生殖細胞から受精卵ができるようすを表したものである。これについて，次の問いに答えなさい。
5点×5〔25点〕

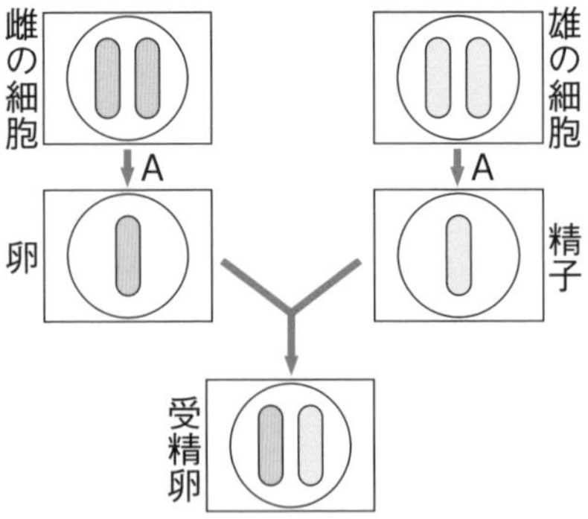

(1) ゾウリムシと同じように，分裂してなかまをふやす生物を，次のア～エから2つ選びなさい。

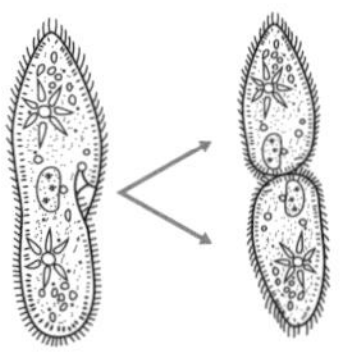

（　　　）（　　　）

ア　アメーバ　　イ　コガネムシ

ウ　クロモ　　　エ　ミカヅキモ

(2) 図2のAのような，生殖細胞をつくるときの細胞分裂を何というか。（　　　　　）

(3) 生物の形や性質などの特徴を何というか。

（　　　　　）

(4) 親と子や子どうしの間で(3)にちがいが生じるのは，図1，図2のうち，どちらの生殖か。

（　　　　　）

図1

図2

雌の細胞　↓A　卵

雄の細胞　↓A　精子

受精卵

3 右の図は，ある種子植物のめしべの断面を模式的に示したものである。これについて，次の問いに答えなさい。
3点×11〔33点〕

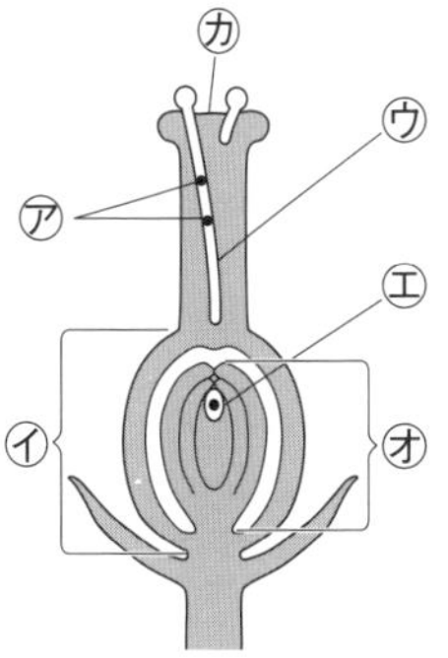

(1) めしべの先の⑰の部分を何というか。　（　　　　　　　）

(2) ⑰に花粉がつくことを何というか。　（　　　　　　　）

(3) 花粉は，おしべの何というところから出されるか。
　　　　　　　　　　　　　　　　　　（　　　　　　　）

(4) ⑰の管を何というか。　　　　　　　（　　　　　　　）

(5) ⑰の中を移動する細胞⑰を何というか。（　　　　　　　）

(6) めしべの⑰の中にある⑯を何というか。（　　　　　　　）

(7) ⑰の核と⑯の核が合体して受精卵ができることを何というか。
　　　　　　　　　　　　　　（　　　　　　　）

(8) ⑯，⑰の部分は，(7)の後何になるか。　⑯（　　　　　　）　⑰（　　　　　　）

(9) ⑰の細胞がもつ染色体の数は，この植物の葉の細胞がもつ染色体の数と比べてどうか。
　　次のア〜ウから正しいものを選びなさい。　　　　　　　（　　　　　　）
　　ア　⑰の染色体の数と，葉の細胞の染色体の数は同じ。
　　イ　⑰の染色体の数は，葉の細胞の染色体の数の2倍。
　　ウ　⑰の染色体の数は，葉の細胞の染色体の数の半分。

(10) (7)の後，受精卵から親と同じような体に成長するまでの過程を何というか。
　　　　　　　　　　　　　　　　　　　　　　　　　（　　　　　　　）

4 右の図1は，カエルの雄と雌の生殖細胞を模式的に示したものである。図2は，図1のA，Bの細胞の核が合体した後の変化のようすを示したものであるが，変化の順には並んでいない。これについて，次の問いに答えなさい。
3点×7〔21点〕

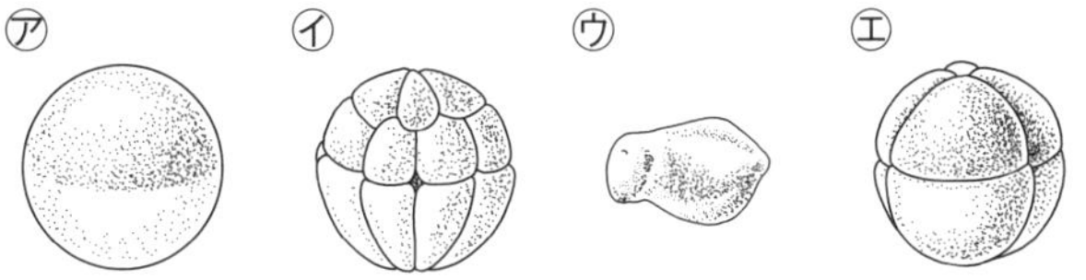

(1) 図1について，次の問いに答えなさい。

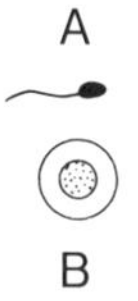

図1　　　図2

① Bは，いくつの細胞からできているか。
　　（　　　　　）

② Aを何というか。　　　　　　　　　　　　　（　　　　　　　）

③ Aは，何というところでつくられているか。　（　　　　　　　）

④ AとBの核が合体して受精卵ができることを何というか。（　　　　　　　）

⑤ ④のようにして新しい個体をつくるふえ方を何というか。（　　　　　　　）

(2) 図2について，次の問いに答えなさい。

① ⑰〜⑰を，変化が起こる順に並べなさい。
　　　　　　　　　　（　　　　→　　　　→　　　　→　　　　）

② ⑰〜⑰のように，自分で食物をとり始めるまでの間の子の段階を何というか。漢字1文字で答えなさい。
　　　　　　　　　　　　　　　　　　　　　　　　　（　　　　）

2章　遺伝の規則性と遺伝子
3章　生物の種類の多様性と進化

満点★ミッション

①形質
　生物の特徴となる形
や性質。

②遺伝
　親の形質が子や孫の
世代に伝わること。

③遺伝子
　細胞の核に存在する,
形質を表すもとにな
るもの。

④対立形質
　エンドウのさやの緑
色と黄色のように,
どちらか一方しか現
れない形質どうしの
こと。

⑤分離の法則
　対になっている親の
代の遺伝子が,減数
分裂により別の生殖
細胞に入ること。

⑥顕性の形質
　対立形質をもつ純系
どうしを掛け合わせ
たとき,子に現れる
形質。

⑦潜性の形質
　対立形質をもつ純系
どうしを掛け合わせ
たとき,子に現れな
い形質。

テストに出る！　ココが要点　　解答 p.6

① 遺伝の規則性と遺伝子　　教 p.106〜p.117

1 遺伝

(1) （ ① 　　　　　）　生物の特徴となる形や性質。

(2) （ ② 　　　　　）　親の形質が子や孫の世代に伝わること。

(3) （ ③ 　　　　　）　形質を表すもとになるもの。細胞の核の中
にある染色体に存在している。

(4) 無性生殖の遺伝　子は親の染色体をそのまま受け継ぐので,親
と同じ形質を示す。

(5) 有性生殖の遺伝　子は両親から半分ずつ染色体を受け継ぐので,
親とは異なる遺伝子の組み合わせとなり,両親のどちらかの形質
が現れたり,どちらとも異なる形質が現れたりする。

2 メンデルが行った実験

(1) （ ④ 　　　　　）　エンドウの種子の形の丸としわのように,
どちらか一方しか現れない形質どうしのこと。

(2) （ ⑤ 　　　　　）　対になっている親の代の遺伝子が,減数分
裂により染色体とともに移動し,別の生殖細胞に入ること。

(3) （ ⑥ 　　　　　）　対立形質をもつ純系どうしを掛け合わせた
とき,子に現れる形質。顕性は優性ということもある。

(4) （ ⑦ 　　　　　）　対立形質をもつ純系どうしを掛け合わせた
とき,子に現れない形質。潜性は劣性ということもある。

(5) 子の代への形質の伝わり方　対立形質をもつ純系の親どうしを
掛け合わせると,顕性の形質のみが現れ,潜性の形質は現れない。

図1

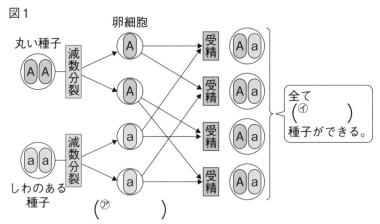

(6) 孫の代への形質の伝わり方　Aaという遺伝子の組み合わせをもつ子を自家受粉させると，孫の代の遺伝子の組み合わせはAA，Aa，Aa，aaとなり，丸：しわ＝3：1の比で現れる。

図2

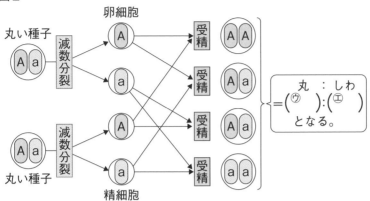

$$=\left(\begin{array}{c}\text{ウ}\end{array}\right):\left(\begin{array}{c}\text{エ}\end{array}\right)$$ となる。

丸 ： しわ

3 遺伝子

(1) （⑧　　　　　）染色体に含まれる遺伝子の本体。

(2) 遺伝子を扱う技術　食料，医療，環境などの幅広い分野で利用されている。

例 個体を判別するDNA鑑定，土壌中・水中・空気中の生物由来のDNAをもとにした環境保全，ヒトのもつインスリンの遺伝子を微生物に入れて生産したインスリンを用いた糖尿病の治療など。

② 生物の種類の多様性と進化　教 p.118〜p.127

1 進化

(1) （⑨　　　　　）生物が長い時間をかけて，多くの代を重ねる間に変化すること。

(2) （⑩　　　　　）同じものから変化してきたと考えられる体の部分。

図3

コウモリの翼　　クジラの胸びれ　　ヒトの腕

(3) 生物の進化と環境　水中の生活から陸上の生活に適した形質へ変化し，進化した。

ミス注意！
顕性の形質をもつ親どうしの掛け合わせから，潜性の形質の子が現れることがある。

⑧DNA
染色体に含まれる遺伝子の本体で，デオキシリボ核酸の略。

⑨進化
生物が長い時間をかけて，多くの代を重ねる間に変化すること。

⑩相同器官
同じものから変化してきたと考えられる体の部分。

ポイント
相同器官の中で，ヘビやクジラの後あしのようにはたらきを失ったものを痕跡器官という。

ポイント
シソチョウは，は虫類と鳥類の両方の特徴をもっている。

25

テストに出る!
予想問題

2章　遺伝の規則性と遺伝子
3章　生物の種類の多様性と進化

⏱ 30分

/100点

よく出る 1 丸い種子をつくるエンドウとしわのある種子をつくるエンドウを掛け合わせたところ，子
の代は全て丸い種子となった。次に，子の代の丸い種子をまいて育てたエンドウを自家受粉
させ，孫の代のエンドウの種子の形を調べた。図1は，このときのようすを模式的に示した
もので，Aは丸い種子のエンドウの遺伝子，aはしわのある種子のエンドウの遺伝子を表し
ている。これについて，次の問いに答えなさい。　　　　　　　　　　5点×11〔55点〕

(1) 種子の形などのように，生物の親から子
へ伝えられる特徴である形や性質のことを
何というか。　　　（　　　　　　　　）

(2) 親の(1)が子に伝わることを何というか。
（　　　　　　　　）

(3) 染色体の中にあり，(1)を表すもととなっ
ているものを何というか。
（　　　　　　　　）

(4) エンドウは，ふつう自家受粉するため，
この実験で親の代として使ったのは代をい
くつ重ねても丸い種子をつくるものや，代
をいくつ重ねてもしわのある種子をつくる
ものである。これらを何というか。
（　　　　　　　　）

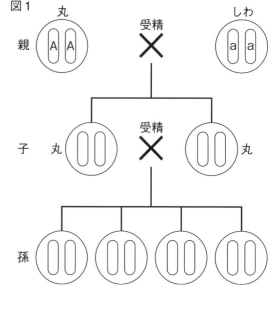

図1

(5) 子の代の種子が全て丸い種子であったことから，しわの形質に対して丸い形質を何とい
うか。また，丸い形質に対してしわの形質を何というか。

丸い形質（　　　　　　　　）
しわの形質（　　　　　　　　）

(6) (3)は対になっていて，生殖細胞をつくるとき，分かれてそれぞれ別の生殖細胞に入る。
このようになることを何というか。　　　　　　　　　　（　　　　　　　　）

(7) 生殖細胞をつくるときに行う特別な細胞分裂を何というか。　（　　　　　　　　）

作図 (8) 子の代の遺伝子の組み合わせを，図1の親の代の遺伝子の組み合わせに　図2
ならって，図2に表しなさい。

(9) 孫の代の遺伝子の組み合わせはどうなっているか。孫の代の遺伝子の組
み合わせとして適当なものを，次のア〜エから選びなさい。　（　　　）

ア　Aa，Aa，Aa，Aa　　イ　AA，AA，Aa，Aa
ウ　AA，AA，aa，aa　　エ　AA，Aa，Aa，aa

(10) 孫の代では，丸い種子としわのある種子の個体数の比は，およそ何：何になるか。

丸：しわ ＝（　　　：　　　）

2 遺伝子について，次の問いに答えなさい。　　　　　　　　　5点×5〔25点〕

(1) 遺伝子の本体を何というか。アルファベット3文字で答えなさい。（　　　　　）

(2) 植物の細胞で，(1)は核の中のどこに含まれているか。次の**ア〜エ**から選びなさい。
　　　　　　　　　　　　　　　　　　　　　　　　　　　　　　　　（　　　　　）

　ア 葉緑体　**イ** 液胞　**ウ** 細胞膜　**エ** 染色体

(3) 遺伝子の本体である(1)は，変化して子に伝えられることがあるか。次の**ア〜ウ**から適当なものを選びなさい。　　　　　　　　　　　　　　　　　　　　　　（　　　　　）

　ア 変化して伝わることはない。　　**イ** 変化して伝わることがある。

　ウ ほとんどが変化して伝わる。

(4) 遺伝子を変化させる技術を用いた例を，次の**ア〜オ**からすべて選びなさい。
　　　　　　　　　　　　　　　　　　　　　　　　　　　　（　　　　　　　　）

　ア 自然界には見られない青いバラを生み出した。

　イ 親と同じ形質のサツマイモを栽培するために，挿し木でサツマイモをふやした。

　ウ 植物が葉緑体で光合成を行った。

　エ 交配による品種改良ではなく，害虫や寒さに強い農作物を生み出した。

　オ 砂漠の緑化のために，乾燥に強い植物を生み出した。

(5) 遺伝子を扱う技術で，ヒトや家畜，農作物について，個体を判別する方法を何というか。
　　　　　　　　　　　　　　　　　　　　　　　　　　　　　　（　　　　　）

3 下の図1は動物の骨格を比較したもので，図2はある動物の復元図である。これについて，あとの問いに答えなさい。　　　　　　　　　　　　　　4点×5〔20点〕

図1　コウモリ　クジラ　ヒト　　　図2

(1) 図1の各部分は，もとは同じものであったと考えられるか，異なるものであったと考えられるか。　　　　　　　　　　　　　　　　　　　　　　　　（　　　　　）

(2) (1)のように考えられる体の部分のことを何というか。　　（　　　　　）

(3) (2)の存在は，生物が長い年月をかけて変化してきたことの証拠の1つとして考えられている。このように生物が長い間に変化することを何というか。
　　　　　　　　　　　　　　　　　　　　　　　　　　　　　　（　　　　　）

(4) 図2の動物は，(3)の証拠の1つとして考えられている。この動物を何というか。
　　　　　　　　　　　　　　　　　　　　　　　　　　　　　　（　　　　　）

(5) 図2の動物は，は虫類と何類の特徴をもっているか。　　（　　　　　）

1章　生物どうしのつながり
2章　自然界を循環する物質

①生態系
ある環境とそこにす
む生物を1つのまと
まりとして見たもの。

②食物網
2種類以上の生物を
食べたり，食べられ
たりしてできた入り
組んだ網のような関
係。

③食物連鎖
生態系の中での生物
どうしの食べる・食
べられるの関係を1
対1で結んだもの。

④生産者
光合成によって無機
物から有機物をつく
り出すことができる
生物。植物，植物プ
ランクトンなど。

⑤消費者
生産者がつくり出し
た有機物を食べる生
物。動物など。

⑥分解者
生物から出されたふ
んなどの有機物を分
解する生物。

テストに出る！　ココが要点　解答 p.7

① 生物どうしのつながり　教 p.140〜p.147

1 生物の食べる・食べられるの関係

(1) （①　　　　　） ある環境と，そこで生活している生物とを
1つのまとまりとして見たもの。

(2) （②　　　　　） 自然界で，生物を食べたり，食べられたり
する関係によってできた，入り組んだ網のような複雑なつながり。

(3) （③　　　　　） 生物どうしの食べる・食べられるという関
係を1対1で順に結んだもの。

(4) （④　　　　　） 植物や植物プランクトンなど，光合成に
よって無機物から有機物をつくり出す生物。

(5) （⑤　　　　　） 動物など，食べることによって生産者がつ
くり出した有機物をとり入れる生物。

(6) （⑥　　　　　） 生態系において，生物の死がいやふんなど
の有機物をとりこみ，無機物に分解する生物。

2 生物どうしのつり合い

(1) 生物の数量をもとにしたピラミッド

図1 ●陸上の例●　　　　　●水中の例●

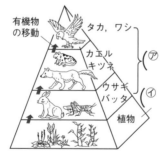

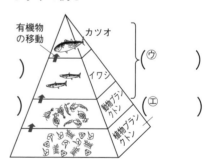

(2) 生物の数量　通常，生態系において，ある生物の数量が一時的
に増減しても再びもとの状態に戻り，つり合いが保たれる。

図2

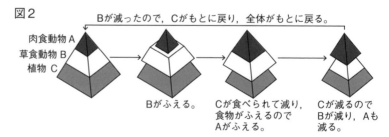

Bが減ったので，Cがもとに戻り，全体がもとに戻る。

肉食動物A
草食動物B
植物C

Bがふえる。

Cが食べられて減り，
食物がふえるので
Aがふえる。

Cが減るので
Bが減り，Aも
減る。

② 自然界を循環する物質

教 p.148〜p.155

1 微生物のはたらき

(1) (⑦　　　　　)　肉眼で見ることができないほど微小な生物。

● (⑧　　　　　)…カビやキノコなど。体は菌糸によってできていて，主に胞子によってふえる。

● (⑨　　　　　)…乳酸菌や大腸菌など。単細胞生物で，主に分裂によってふえる。

(2) 微生物の生活場所　微生物は，土の中以外にも空気や水の中など，身のまわりのいたるところに存在している。

2 物質の循環

(1) 生産者のはたらき　植物は，光合成により，無機物の二酸化炭素と水から (⑩　　　　　　) をつくり，酸素を放出する。

(2) 有機物のゆくえ　有機物は，(⑪　　　　　　)，肉食動物の順にとりこまれ，それぞれが呼吸により有機物を分解し，二酸化炭素と水を放出する。

(3) 分解者のはたらき　死がいやふんなど，生物から出された有機物は，分解者にとりこまれ，(⑫　　　　　　) のはたらきで，酸素を使って，二酸化炭素と水に分解される。

図3

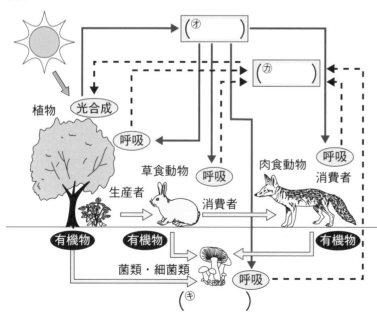

(4) 物質の循環　呼吸で放出された二酸化炭素と水は，再び植物の光合成に使われる。炭素や酸素は生物と環境の間を循環している。

---

⑦ **微生物**
菌類や細菌類など，肉眼では見ることができない微小な生物。

⑧ **菌類**
アオカビやシイタケなど。体は細胞がつながって糸状になった菌糸でできていて，主に胞子でふえる。

⑨ **細菌類**
バクテリアともいう。乳酸菌や納豆菌など。

⑩ **有機物**
光合成によってできるデンプンや，それをもとにしてできるタンパク質や脂肪など。

⑪ **草食動物**
植物を食べる動物のなかま。

⑫ **呼吸**
酸素を使って有機物を二酸化炭素と水に分解するはたらき。生命活動に必要なエネルギーをとり出している。

テストに出る!
予想問題

1章　生物どうしのつながり－①	⏲30分
2章　自然界を循環する物質－①	/100点

よく出る **1** 生物どうしのつながりについて,次の問いに答えなさい。　　　　6点×10〔60点〕

(1) ある環境と,そこで生活している生物との1つのまとまりを何というか。
（　　　　　）

(2) 生物どうしの「食べる・食べられる」という関係を1対1で順に結んだ1本の線のようなつながりを何というか。（　　　　　）

(3) (2)の関係となっているものを,次のア～エから選びなさい。ただし, A→Bは, AがBに食べられることを示している。（　　　　　）

　ア　アオムシ→モンシロチョウ　　イ　ミジンコ→ケイソウ

　ウ　バッタ→カエル　　　　　　　エ　ススキ→フクロウ

(4) (1)の中で,無機物から有機物をつくり出すことができる生物を何というか。漢字3文字で答えなさい。（　　　　　）

(5) (4)が有機物をつくり出すはたらきを何というか。（　　　　　）

(6) (4)である生物を,次のア～エからすべて選びなさい。（　　　　　）

　ア　ススキ　　イ　バッタ　　ウ　植物プランクトン　　エ　動物プランクトン

(7) (1)の中で,(4)がつくり出した有機物を直接的または間接的に食べることによってとり入れる生物を何というか。漢字3文字で答えなさい。（　　　　　）

(8) 自然界の中では,さまざまな生物が2種類以上の生物を食べ,(2)の関係で複雑につながり合っている。このような複雑なつながりを何というか。（　　　　　）

(9) ある(1)の中で,イタチがヘビを食べ,ヘビがカエルを食べていた。この(1)の中では,ふつう,どの動物の数量が最も多いと考えられるか。次のア～エから選びなさい。
（　　　　　）

　ア　イタチ　　イ　ヘビ　　ウ　カエル　　エ　どれも同じくらい。

(10) (9)で,カエルを食べる動物はヘビだけで,ヘビを食べる動物はイタチだけであった場合,人間がヘビを大量に捕獲して数量を大きく減少させると,その直後,イタチやカエルの数量はどのような影響を受けると考えられるか。次のア～ケから選びなさい。（　　　　　）

　ア　イタチもカエルも数量が増加する。

　イ　イタチもカエルも数量が減少する。

　ウ　イタチもカエルも数量は変化しない。

　エ　イタチの数量は増加するが,カエルの数量は減少する。

　オ　イタチの数量は増加するが,カエルの数量は変化しない。

　カ　イタチの数量は減少するが,カエルの数量は増加する。

　キ　イタチの数量は減少するが,カエルの数量は変化しない。

　ク　イタチの数量は変化しないが,カエルの数量は増加する。

　ケ　イタチの数量は変化しないが,カエルの数量は減少する。

2 林の中の土をとり，下の図1のように，土を白いバットに少量ずつ広げ，見つかった小動物をピンセットでとり出して，70%エタノール水溶液の入ったビーカーAに入れた。次に，図2のような装置の金網(かなあみ)をはめたろうとの中に小動物をとり除いた土をのせ，光を当てて，落ちてきた小動物をビーカーAに集めた。図3は，このとき70%エタノール水溶液の中に集められた小動物の一部を表したものである。これについて，あとの問いに答えなさい。

5点×5〔25点〕

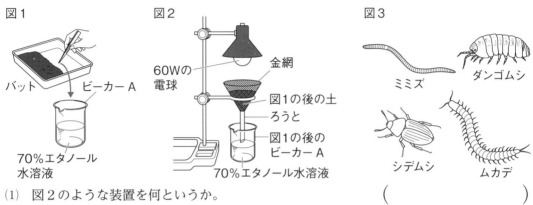

図1　バット　ビーカーA　70%エタノール水溶液

図2　60Wの電球　金網　図1の後の土　ろうと　図1の後のビーカーA　70%エタノール水溶液

図3　ミミズ　ダンゴムシ　シデムシ　ムカデ

(1)　図2のような装置を何というか。　（　　　　　　　　　　）

記述 (2)　図2の装置で，70%エタノール水溶液の中に土の中の小動物を集めることができるのはなぜか。　（　　　　　　　　　　　　　　　　）

記述 (3)　とり出した小動物を70%エタノール水溶液の中に入れるのはなぜか。
（　　　　　　　　　　　　　　　　　　）

(4)　図3の小動物で，落ち葉や腐った植物を食べるものはどれか。次のア～エからすべて選びなさい。　（　　　　　　　）
　　ア　ミミズ　　イ　シデムシ　　ウ　ムカデ　　エ　ダンゴムシ

(5)　図3の動物は生産者か，それとも消費者か。　（　　　　　　　）

よく出る **3** 右の図は，ある森林での肉食動物，草食動物，植物の数量の関係を模式的に表したものである。これについて，次の問いに答えなさい。

5点×3〔15点〕

肉食動物　草食動物　植物

(1)　この森林の植物が減少した場合，一時的に草食動物と肉食動物の数量はそれぞれどうなるか。
　　　草食動物（　　　　　　　　）　肉食動物（　　　　　　　　）

(2)　あるとき草食動物が急増したが，長い時間がたつと，それぞれの生物の数量はつり合いの状態に戻った。このときの生物の数量の変化を表すように，次の⑦～⑦を並べなさい。ただし，⑦を最初，⑦を最後とする。
（　⑦　→　　　→　　　→　　　→　　　→　⑦　）

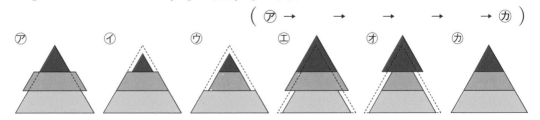

⑦　　　　イ　　　　ウ　　　　エ　　　　オ　　　　⑦

テストに出る!
予想問題

1章　生物どうしのつながり－②
2章　自然界を循環する物質－②

⏱ 30分

/100点

よく
出る

1 土の中の微小な生物のはたらきを調べるために，次の実験を行った。あとの問いに答えなさい。

7点×5〔35点〕

図1

土

図2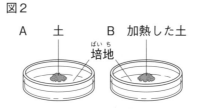

A　土　　B　加熱した土

培地

図3

ヨウ素液

実験1　落ち葉の下の土をとり，ビーカーに入れる。

実験2　ペトリ皿にデンプンと寒天を加熱して溶かして培地をつくり，Aにはそのままの土を，Bには加熱して冷ました土を同量のせ，ふたをして室内の暗い場所に3日間置く。

実験3　A，Bの表面を観察する。また，それぞれにヨウ素液を加えて変化を調べる。

記述 (1) **実験2**で，Bにのせる土を加熱したのはなぜか。

(　　　　　　　　　　　　　　　　　　　　　　　　　　　　)

(2) **実験3**で表面を観察したときに，毛のようなものが確認されたのは，A，Bのどちらか。

(　　　)

(3) (2)の毛のようなものは，次のア〜エのうちどれか。　　　　　(　　　)

ア　コケ植物　　イ　藻類　　ウ　シダ植物　　エ　菌類・細菌類

(4) **実験3**でヨウ素液を加えたとき，表面のようすはどうなるか。次のア〜ウから選びなさい。　　　　　(　　　)

ア　AもBも全体が青紫色になった。

イ　Aは毛のまわりが変化せず，そこ以外は青紫色になった。Bは全体が青紫色になった。

ウ　Aは全体が青紫色になり，Bは変化がなかった。

(5) (4)のような変化が起きるのはなぜか。次のア，イから選びなさい。　　　(　　　)

ア　土の中の微小な生物が培地に含まれるデンプンを分解したから。

イ　土の中の微小な生物がデンプンをつくり出したから。

2 アオカビ，シイタケ，乳酸菌について，次の問いに答えなさい。　　5点×4〔20点〕

(1) アオカビやシイタケの体は，細胞が糸状につながっているものでできている。これを何というか。　　　　　(　　　　　　　)

(2) アオカビやシイタケは，主に何をつくってふえるか。　(　　　　　　　)

(3) アオカビやシイタケのように，体が(1)でできていて，(2)をつくってなかまをふやす生物のなかまを何というか。　　　　　(　　　　　　　)

(4) アオカビ，シイタケ，乳酸菌のように，生物の死がいやふんなどの有機物を無機物に分解する生物のなかまを何というか。　　　　　(　　　　　　　)

3 下の図は，自然界における物質の循環のようすを模式的に表したものである。これについて，あとの問いに答えなさい。ただし，⇨は有機物の流れを表すものとする。

5点×9〔45点〕

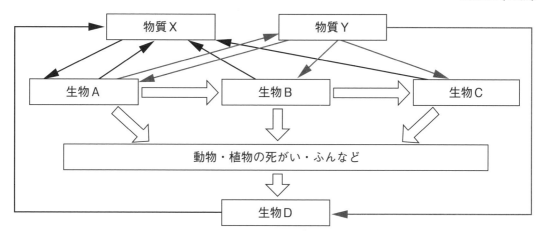

⑴ 図で，生物Aが，物質Xと水から有機物と物質Yをつくるはたらきを何というか。

（　　　　　　　）

⑵ 図で，全ての生物が，物質Yを使って有機物を物質Xと水に分解し，生きるためのエネルギーをとり出している。このはたらきを何というか。

（　　　　　　　）

⑶ 物質X，物質Yは，それぞれ何か。次のア～エから正しいものを選びなさい。

（　　　）

ア　物質Xは水素，物質Yは酸素である。
イ　物質Xは酸素，物質Yは水素である。
ウ　物質Xは二酸化炭素，物質Yは酸素である。
エ　物質Xは酸素，物質Yは二酸化炭素である。

⑷ A～Dの生物は，それぞれ何を表しているか。次のア～エから選びなさい。

A（　　　）B（　　　）C（　　　）D（　　　）

ア　肉食動物　　イ　草食動物　　ウ　菌類・細菌類など　　エ　植物

⑸ 生物Dにあてはまる生物は何か。次のア～クからすべて選びなさい。

（　　　　　　　）

ア　ミミズ　　　イ　ムカデ　　　ウ　モグラ　　　エ　スギゴケ
オ　シデムシ　　カ　フクロウ　　キ　カエル　　　ク　バッタ

⑹ 次の文の（　）にあてはまる言葉を答えなさい。　　　　　（　　　　　　　）

　　炭素は，物質Xとして移動したり，有機物の一部として移動したりする。炭素が有機物として生物A→生物B→生物Cと移動するのは，生物Cが生物Bを食べ，生物Bが生物Aを食べるためである。このような，「食べる・食べられる」という関係による１本の線のようになった生物どうしのつながりを（　　　）という。

1章　水溶液とイオン(1)

解答 p.9

① 電流が流れる水溶液

教 p.168〜p.175

1 電解質と非電解質

(1) （①　　　　　） 水に溶かしたとき，その水溶液に電流が流れる物質。

　例 塩化ナトリウム，塩化水素，水酸化ナトリウム，塩化銅

(2) （②　　　　　） 水に溶かしたとき，その水溶液に電流が流れない物質。

　例 ショ糖，エタノール

(3) 固体と電流　固体のときは，電解質も非電解質も電流が流れない。

2 塩化銅水溶液に電流が流れているときの変化

(1) 塩化銅水溶液に電流が流れているときの変化　電源装置の＋極につながっている方を（③　　　　　）といい，－極につながっている方を（④　　　　　）という。

　● 陽極…プールの消毒薬のような刺激臭をもつ気体が発生した。陽極付近の水溶液を赤インクで色をつけた水に加えると色が消えた。

　　→発生した気体は（⑤　　　　　）である。

　● 陰極…赤い物質が付着した。付着した物質をこすると金属光沢が見られた。

　　→付着した物質は（⑥　　　　　）である。

(2) 塩化銅水溶液に電流が流れているときの化学反応式

　　塩化銅　　　　→　　　銅　　　＋　　　塩素

　　$CuCl_2$　　　→　　　$\underline{Cu}$　　＋　　$\underline{Cl_2}$

図1　（⑦　　　　　）極　　　　　　　（④　　　　　）極

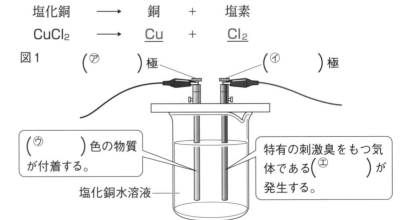

（⑨　　　　）色の物質が付着する。

特有の刺激臭をもつ気体である（①　　　）が発生する。

塩化銅水溶液

満点★ミッション

①電解質
　塩化ナトリウム，塩化水素，水酸化ナトリウムなど，水溶液に電流が流れる物質。

②非電解質
　ショ糖，エタノールなど，水溶液に電流が流れない物質。

③陽極
　電源装置の＋極につながっている電極。

④陰極
　電源装置の－極につながっている電極。

⑤塩素
　塩化銅水溶液に電流が流れているときに陽極で発生する気体。水に溶けやすい。脱色作用，殺菌作用がある。

⑥銅
　塩化銅水溶液に電流が流れているときに陰極に付着する金属。

ポイント
電圧を加えて化学変化を起こし，物質をとり出すことを電気分解（電解）という。

3 塩酸に電流が流れているときの変化

(1) 陽極…プールの消毒薬のような刺激臭がある。陽極に色をつけ
たろ紙を近づけると色が消えた。

　→発生した気体は**塩素**である。

(2) 陰極…マッチの炎を近づけると音を立てて燃えた。

　→発生した気体は$\left(^{⑦}\qquad\right)$である。

(3) 塩酸に電流が流れているときの化学反応式

塩酸	$\longrightarrow$	水素	＋	塩素
2HCl	$\longrightarrow$	$\underline{H_2}$	＋	$\underline{Cl_2}$

4 電解質の水溶液に電流が流れるしくみ

(1) $\left(^{⑧}\qquad\right)$　電気を帯びた粒子。電解質の水溶液中で自
由に動いている。イオンの移動によって電流が流れる。

● $\left(^{⑨}\qquad\right)$…＋の電気を帯びた粒子。

● $\left(^{⑩}\qquad\right)$…－の電気を帯びた粒子。

(2) $\left(^{⑪}\qquad\right)$　電解質が水に溶けて，陽イオンと陰イオン
に分かれること。

(3) 塩化ナトリウムの電離

　塩化ナトリウム $\longrightarrow$ ナトリウムイオン ＋ 塩化物イオン

図2

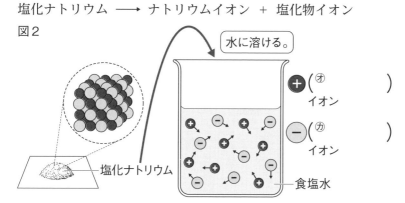

水に溶ける。

＋$\left(^{㋔}\qquad\right)$ イオン

－$\left(^{㋕}\qquad\right)$ イオン

塩化ナトリウム

食塩水

(4) 電解質と非電解質の溶け方　非電解質の水溶液ではイオンが生
じないため，電流は流れない。

図3 ●電解質●
例：塩化ナトリウム水溶液

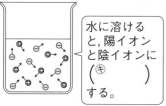

水に溶ける
と，陽イオン
と陰イオンに
$\left(^{㋖}\qquad\right)$
する。

図4 ●非電解質●
例：砂糖水

水に溶けると
$\left(^{㋗}\qquad\right)$のまま
水中に散らばる。
$\left(^{㋘}\qquad\right)$しない。

● ナトリウムイオン
⊖ 塩化物イオン

● ショ糖分子

⑦**水素**
塩酸に電流が流れて
いるときに陰極で発
生する気体。マッチ
の炎を近づけると音
を立てて燃える。

⑧**イオン**
電気を帯びた粒子。

⑨**陽イオン**
＋の電気を帯びた粒
子。ナトリウムイオ
ン，銅イオンなど。

⑩**陰イオン**
－の電気を帯びた粒
子。塩化物イオン，
水酸化物イオンなど。

⑪**電離**
電解質が水に溶けて
陽イオンと陰イオン
に分かれること。

テストに出る！
予想問題

1章　水溶液とイオン(1)

⏱30分

/100点

1 右の図の装置を用いて，下の⬚⬚⬚内のA〜Eの水溶液に電流が流れるかどうかを調べた。これについて，あとの問いに答えなさい。　4点×4〔16点〕

> A　エタノール　　B　水酸化ナトリウム
> C　塩化水素　　D　砂糖　　E　食塩

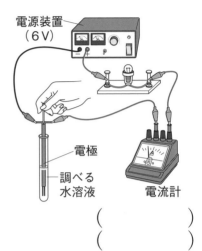

電源装置（6V）

電極

調べる水溶液

電流計

(1) 調べる水溶液に電流が流れると，豆電球はどうなるか。　（　　　　　　　）

📝記述 (2) 調べる水溶液をちがう水溶液にかえるとき，どのようなことをするか。
（　　　　　　　　　　　　　　　）

(3) 電流が流れるのは，どの物質が溶けた水溶液か。A〜Eからすべて選びなさい。　（　　　　　　　）

(4) 水に溶かしたとき，電流が流れる物質を何というか。　（　　　　　　　）

よく出る **2** 右の図1のような装置で，塩化銅水溶液に電流を流した。これについて，次の問いに答えなさい。　4点×7〔28点〕

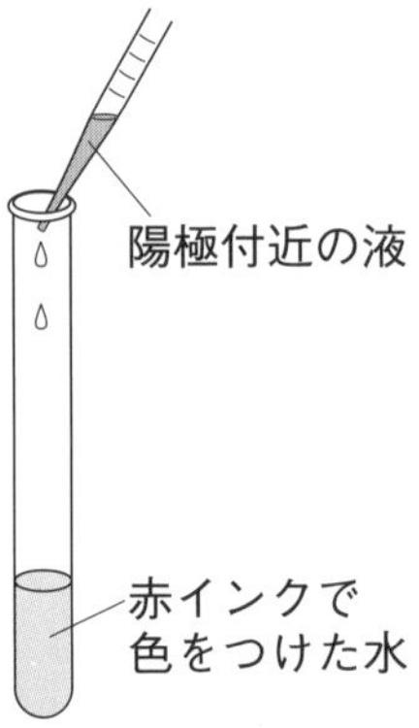

(1) 塩化銅水溶液に電流を流すと，陰極に赤色の物質が付着した。この物質を乳棒でこするとどうなるか。
（　　　　　　　　　　）

図1

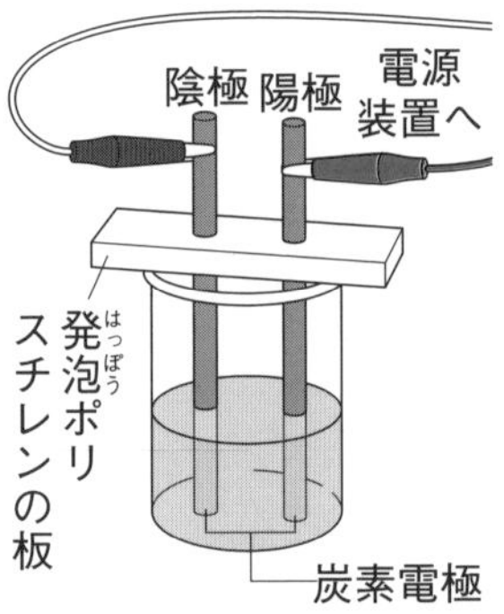

陰極　陽極　電源装置へ

発泡ポリスチレンの板

炭素電極

図2

陽極付近の液

赤インクで色をつけた水

(2) 陰極に付着した物質は何か。化学式と名前を答えなさい。
化学式（　　　　　　）
名前（　　　　　　）

(3) 図2のように，赤インクで色をつけた水に陽極付近の水溶液を加えると色が消えた。この水溶液に溶けている物質は何か。化学式と名前を答えなさい。　化学式（　　　　　）　名前（　　　　　）

(4) (3)の物質にはどのような特徴があるか。次のア〜ウから正しいものを選びなさい。　（　　　）

> ア　無色で水に溶けにくく，においはない。
> イ　無色で水に溶けやすく，特有の刺激臭をもつ。
> ウ　黄緑色で水に溶けやすく，特有の刺激臭をもつ。

(5) 塩化銅水溶液に電流が流れているときの化学変化を化学反応式で表しなさい。
（　　　　　　　　　　　　　）

よく出る **③** 右の図のような装置を用い，うすい塩酸に電流を流した。これについて，次の問いに答えなさい。

4点×8〔32点〕

記述 (1) 実験の準備をしていると，うすい塩酸が手についた。このとき，どのような処理をしなくてはならないか。簡単に答えなさい。

( )

(2) 5Vの電圧を加えると，塩酸に電流が流れて，両方の電極から気体が発生し，陰極から発生した気体にマッチの炎を近づけると，音を立てて燃えた。この気体は何か。化学式と名前を答えなさい。

化学式( ) 名前( )

記述 (3) (2)のとき，陽極のゴム栓をとって，水性の赤いペンで色をつけたろ紙を近づけるとどうなるか。

( )

(4) (3)から，陽極から発生した気体は何であると考えられるか。化学式と名前を答えなさい。

化学式( ) 名前( )

(5) 一定の時間電流を流し続けたとき，管内に集まる気体の量は，陽極側か陰極側，どちらの方が多いか。 ( )

(6) 塩酸に電流が流れているときの化学変化を化学反応式で表しなさい。

( )

図：うすい塩酸の電気分解装置（ゴム栓，うすい塩酸，陰極，陽極，電源装置，正面，電流計）

④ 次の問いに答えなさい。

3点×8〔24点〕

(1) 電解質を水に溶かすと，水溶液中に電気を帯びた粒子が散らばる。この電気を帯びた粒子のことを何というか。 ( )

(2) (1)のうち＋の電気を帯びたものを何というか。 ( )

(3) (1)のうち－の電気を帯びたものを何というか。 ( )

(4) 次の文の( )にあてはまる言葉を答えなさい。

①( ) ②( )

電解質が水に溶け，陽イオンと陰イオンに分かれることを(①)という。塩化ナトリウムは，水に溶け，ナトリウムイオンと(②)に分かれる。

(5) ショ糖は，水に溶けて陽イオンと陰イオンに分かれるか。 ( )

(6) 精製水と水道水に電流が流れるか調べた。それぞれ電流が流れるか。ただし水道水には，塩素イオンと，それと同量の陽イオンが含まれている。

精製水( )
水道水( )

1章　水溶液とイオン(2)
2章　化学変化と電池

満点★ミッション

テストに出る！ **ココが要点**　解答 p.10

① 原子とイオン　教 p.176〜p.183

1 原子の構造

(1) 原子の構造　中心に，＋の電気をもった（①　　　　　）が1個あり，そのまわりに−の電気をもった電子がいくつかある。

(2) 原子核　原子に比べてたいへん小さく，＋の電気をもった（②　　　　　）と，電気をもたない（③　　　　　）によってできているため，原子核は＋の電気をもっている。

(3) 原子と電気　陽子1個がもつ＋の電気の量と電子1個がもつ−の電気の量は同じで，原子の中では，陽子の数と電子の数が等しいため，原子全体は電気を帯びない。

(4) （④　　　　　）同じ元素で中性子の数が異なる原子。

2 イオンのでき方と表し方

(1) （⑤　　　　　）のでき方　原子が，−の電気をもつ電子を放出して，＋の電気を帯びる。

図1

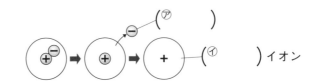

(2) （⑥　　　　　）のでき方　原子が，−の電気をもつ電子を受けとって，−の電気を帯びる。

図2

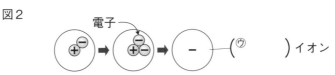

(3) イオンの表し方　イオンは化学式を使って表せる。

図3 ●イオンとその化学式●

陽イオン	化学式	陰イオン	化学式
水素イオン	H^+	塩化物イオン	（㋕　　）
ナトリウムイオン	（㋓　　）	水酸化物イオン	OH^-
アンモニウムイオン	$NH_4{}^+$	炭酸イオン	$CO_3{}^{2-}$
銅イオン	（㋔　　）	硫酸イオン	$SO_4{}^{2-}$

①原子核
原子の中心にある。陽子と中性子でできている。

②陽子
原子核を構成する。＋の電気をもつ。

③中性子
原子核を構成する。電気をもたない。

④同位体
同じ元素で中性子の数が異なる原子。周期表上の位置は同じ。

⑤陽イオン
原子が電子を放出してできる，＋の電気を帯びたイオン。

⑥陰イオン
原子が電子を受けとってできる，−の電気を帯びたイオン。

ポイント
塩化水素の電離
$HCl \longrightarrow H^+ + Cl^-$

② 化学変化と電池

教 p.184〜p.197

1 イオンへのなりやすさ

(1) イオンへのなりやすさ　金属の種類によって異なる。

(2) 硫酸銅水溶液に亜鉛板を入れる　硫酸銅は水溶液中で，(⑦　　　　　) と硫酸イオンに**電離**する。亜鉛板を入れると，亜鉛原子は電子を放出して (⑧　　　　　) になり，放出した電子を<u>銅イオン</u>が受けとって<u>銅原子</u>になる。

2 電池とイオン

(1) (⑨　　　　　) <u>化学</u>エネルギーを<u>電気</u>エネルギーに変換する装置。

(2) **ボルタ電池**　亜鉛板，電解質の水溶液，銅板の1組からできている電池。

(3) (⑩　　　　　) 亜鉛板，銅板，電解質の水溶液2種類を使い，セロハンなどで2種類の水溶液が簡単に混ざらないようにした電池。

● −極での変化…亜鉛原子は電子を2個放出して亜鉛イオンになる。亜鉛板はうすくなっていく。

亜鉛　　　⟶　　　亜鉛イオン　　+　　　電子
Zn　　　⟶　　　Zn^{2+}　　　+　　　$2e^-$

● ＋極での変化…銅イオンが電子を2個受けとり銅原子になる。銅板の表面に銅が付着し，硫酸銅水溶液の青色がうすくなる。

銅イオン　　+　　　電子　　⟶　　　銅
Cu^{2+}　　+　　　$2e^-$　　⟶　　　Cu

図4

⟶ (キ　　　　　) の向き
⟵ (ク　　　　　) の向き

(ケ　　　　) 極　　　モーター　　　セロハン　　　(コ　　　　　) 極

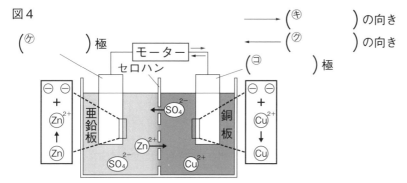

(4) いろいろな電池
● **一次電池**…充電が<u>できない</u>電池。乾電池やリチウム電池など。
● **二次電池**…充電が<u>できる</u>電池。リチウムイオン電池など。
● (⑪　　　　　) …燃料が酸化される化学変化から電気エネルギーをとり出す装置。

---

⑦**銅イオン**
硫酸銅が電離したときに生じる陽イオン。

⑧**亜鉛イオン**
亜鉛原子が電子を2個放出し，イオンになったもの。

⑨**電池(化学電池)**
化学エネルギーを電気エネルギーに変換する装置。

⑩**ダニエル電池**
ボルタ電池よりも長時間はたらく。セロハンはイオン交換の役目をしている。

ポイント

化学反応式では，電子1個をe^-と表す。

⑪**燃料電池**
燃料が酸化される化学変化から電気エネルギーをとり出す装置。

テストに出る！
予想問題

1章 水溶液とイオン(2)
2章 化学変化と電池

⏱30分

/100点

よく出る **1** 右の図は，ヘリウム原子のつくりを表したものである。次の問いに答えなさい。

4点×8〔32点〕

(1) 原子核は，＋，－のどちらの電気をもっているか。
（　　　　　）

(2) 原子核のまわりにある－の電気をもった⑦を何というか。
（　　　　　）

(3) 原子核の中にある，＋の電気をもつ①と，電気をもたない⑦
をそれぞれ何というか。

①（　　　　　） ⑦（　　　　　）

原子核

(4) 元素の種類は，原子核の中の①，⑦のどちらの数で決まるか。 （　　　　　）

(5) ヘリウム原子は，原子全体で電気を帯びるか。 （　　　　　）

(6) ⑦の質量と①の質量はどちらが大きいか。 （　　　　　）

記述 (7) 同位体とはどのような原子か。簡単に答えなさい。
（　　　　　　　　　　　　　　　　　　　　　　　　　　　　　　　）

2 イオンについて，次の問いに答えなさい。

2点×15〔30点〕

(1) 陽イオン，陰イオンとはどのようなイオンか。それぞれの説明として正しいものを，次
のア〜エから選びなさい。 陽イオン（　　） 陰イオン（　　）

ア 原子が電子を放出して，＋の電気を帯びたもの。

イ 原子が陽子を放出して，－の電気を帯びたもの。

ウ 原子が電子を受けとって，－の電気を帯びたもの。

エ 原子が陽子を受けとって，＋の電気を帯びたもの。

(2) 次のイオンを化学式で表しなさい。

①水素イオン 　　（　　　　　） ②水酸化物イオン 　（　　　　　）

③アンモニウムイオン（　　　　　） ④ナトリウムイオン （　　　　　）

⑤炭酸イオン 　　（　　　　　） ⑥塩化物イオン 　　（　　　　　）

⑦銅イオン 　　　（　　　　　） ⑧硫酸イオン 　　　（　　　　　）

(3) 次の物質が水に溶けて，電離するようすを化学式を使って表しなさい。

①塩化水素(HCl) 　　　　（　　　　　　　　　　　　　　）

②塩化銅($CuCl_2$) 　　　　（　　　　　　　　　　　　　　）

③硫酸銅($CuSO_4$) 　　　　（　　　　　　　　　　　　　　）

④水酸化ナトリウム($NaOH$) 　（　　　　　　　　　　　　　　）

⑤炭酸ナトリウム(Na_2CO_3) 　（　　　　　　　　　　　　　　）

3 金属のイオンへのなりやすさについて，次の問いに答えなさい。　4点×2〔8点〕

(1) 硫酸銅水溶液に亜鉛板と銅板を入れたときのようすとして正しいものを，次のア〜ウから選びなさい。（　　）

　ア　亜鉛板の表面に赤い物質が付着する。

　イ　銅板の表面に黒い物質が付着する。

　ウ　亜鉛板，銅板どちらの金属板の表面にも変化は見られない。

(2) 金属板を水溶液に入れて，金属板に物質が付着する組み合わせを，次のア〜エからすべて選びなさい。ただし，マグネシウムは亜鉛よりもイオンになりやすく，亜鉛は銅よりもイオンになりやすい。（　　　）

　ア　硫酸亜鉛水溶液にマグネシウム板を入れる。

　イ　硫酸銅水溶液にマグネシウム板を入れる。

　ウ　硫酸亜鉛水溶液に亜鉛板を入れる。

　エ　硫酸亜鉛水溶液に銅板を入れる。

4 右の図のように，ダニエル電池をモーターにつなぐと電流が流れた。次の問いに答えなさい。

5点×6〔30点〕

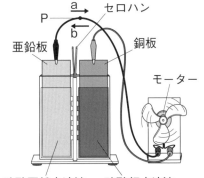

(1) 図のように，化学変化を利用して化学エネルギーを電気エネルギーに変換し，とり出す装置を一般に何というか。（　　　）

(2) この実験で，電子の流れの説明として正しいものを，次のア〜ウから選びなさい。（　）

　ア　銅イオンが銅板に電子をわたし，その電子が銅板→モーター→亜鉛板へと移動する。

　イ　亜鉛原子が亜鉛イオンになるときに電子を放出し，その電子が亜鉛板→モーター→銅板へと移動し，銅板で銅イオンが電子を受けとる。

　ウ　亜鉛原子が亜鉛イオンになるときに電子を放出し，その電子が亜鉛板→モーター→銅板へと移動し，銅板で水素イオンが電子を受けとる。

(3) 亜鉛板での化学変化を $Zn \longrightarrow Zn^{2+} + 2e^-$ と表すと，銅板で銅原子が付着する化学変化はどのように表せるか。（　　　　）

(4) 図のP点での電流の向きは，a，bのどちらか。（　　）

(5) 2種類の金属を電極に使った電池では，イオンになりやすい方の金属は＋極と−極のどちらになるか。（　　　）

(6) 水素と酸素が結びついて水ができる化学変化で生じるエネルギーを電気エネルギーとしてとり出す装置がある。このように，燃料が酸化される化学変化から電気エネルギーをとり出す装置を何というか。（　　　）

41

3章　酸・アルカリとイオン

満点★ミッション

①リトマス紙
　酸性・中性・アルカリ性を調べることができる色素を含ませたもの。青色リトマス紙は酸性で赤色，赤色リトマス紙はアルカリ性で青色を示す。

②電解質
　水溶液にすると電流が流れる物質。

③BTB液
　酸性で黄色，中性で緑色，アルカリ性で青色を示す液。

④フェノールフタレイン液
　アルカリ性で赤色を示す液。

⑤酸
　水に溶けて水素イオンを生じる物質。

⑥アルカリ
　水に溶けて水酸化物イオンを生じる物質。

⑦指示薬
　酸性・中性・アルカリ性を調べる薬品。

⑧pH
　酸性・アルカリ性の強さを表す数値。

テストに出る！　**ココが要点**　解答 p.11

① 酸・アルカリ　教 p.198～p.209

1 酸性とアルカリ性

(1) 酸性の水溶液
- 青色（①　　　　　　）を赤色に変える。
- 緑色のBTB液を入れると黄色に変わる。
- マグネシウムを入れると水素が発生する。
- （②　　　　　　）の水溶液である。

(2) 中性の水溶液
- 赤色・青色リトマス紙のどちらの色も変えない。
- 緑色のBTB液を入れても，色が変化しない。

(3) アルカリ性の水溶液
- 赤色リトマス紙を青色に変える。
- 緑色の（③　　　　）を入れると青色に変わる。
- （④　　　　　　）を入れると赤色に変わる。
- 電解質の水溶液である。

2 酸性・アルカリ性とイオン

(1) （⑤　　　　　）　水に溶けて水素イオンを生じる物質。

　酸　⟶　水素イオン　＋　陰イオン

(2) （⑥　　　　　）　水に溶けて水酸化物イオンを生じる物質。

　アルカリ　⟶　陽イオン　＋　水酸化物イオン

3 酸性・アルカリ性の強さ

(1) （⑦　　　　）　酸性・中性・アルカリ性を調べる薬品。
　例 リトマス紙，BTB液，フェノールフタレイン液

(2) （⑧　　　　）　酸性・アルカリ性の強さを表す数値。7が中性で，値が小さいほど酸性が強く，値が大きいほどアルカリ性が強い。

図1
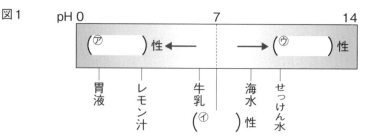

ココが要点の答えになります。

② 中和と塩

教 p.210～p.215

1 中和と塩

(1) (⑨　　　　　　　) 酸性とアルカリ性の水溶液を混ぜ合わせたときに，互いの性質を打ち消し合う化学変化。このとき，酸の(⑩　　　　　　　)とアルカリの(⑪　　　　　　　)が結びついて，水ができる。

(2) (⑫　　　　　　　) 中和が起こったときに，酸の陰イオンとアルカリの陽イオンが結びついてできる物質。

例 塩酸と水酸化ナトリウム水溶液の中和による塩化ナトリウム

(3) 塩酸と水酸化ナトリウム水溶液の中和
塩である(⑬　　　　　　　)と水ができる。

$$HCl \ + \ NaOH \ \longrightarrow \ NaCl \ + \ H_2O$$

図2

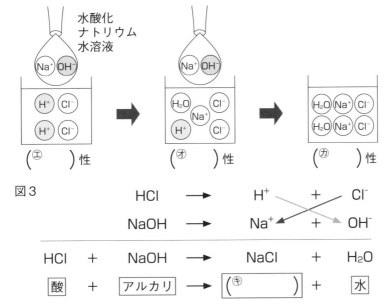

図3

$$HCl \ \longrightarrow \ H^+ \ + \ Cl^-$$
$$NaOH \ \longrightarrow \ Na^+ \ + \ OH^-$$

$$HCl \ + \ NaOH \ \longrightarrow \ NaCl \ + \ H_2O$$

酸 ＋ アルカリ ⟶ (ᵏ　　　　　) ＋ 水

(4) 二酸化炭素の水溶液(炭酸水)と水酸化カルシウム水溶液の中和 (⑭　　　　　　　)と水ができる。できた塩は水に溶けにくいため，白い沈殿ができる。

$$H_2CO_3 \ + \ Ca(OH)_2 \ \longrightarrow \ CaCO_3 \ + \ 2H_2O$$
炭酸　　　水酸化カルシウム　　炭酸カルシウム　　水

(5) 硫酸と水酸化バリウム水溶液の中和 (⑮　　　　　　　)と水ができる。できた塩は水に溶けにくいため，白い沈殿ができる。

$$H_2SO_4 \ + \ Ba(OH)_2 \ \longrightarrow \ BaSO_4 \ + \ 2H_2O$$
硫酸　　　水酸化バリウム　　硫酸バリウム　　水

満点★ミッション

⑨ 中和
酸とアルカリから塩と水が生じる化学変化。酸性とアルカリ性の水溶液を混ぜたときに起こる。

⑩ 水素イオン
酸が電離して生じるイオン。H^+で表される。

⑪ 水酸化物イオン
アルカリが電離して生じるイオン。OH^-で表される。

⑫ 塩
中和が起こったときに，酸の陰イオンとアルカリの陽イオンが結びついてできる物質。

⑬ 塩化ナトリウム
塩酸と水酸化ナトリウム水溶液の中和によってできる塩。

⑭ 炭酸カルシウム
炭酸水と水酸化カルシウム水溶液の中和によってできる塩。

⑮ 硫酸バリウム
硫酸と水酸化バリウム水溶液の中和によってできる塩。レントゲン撮影の造影剤などに利用されている。

テストに出る！
予想問題　3章　酸・アルカリとイオン−①

⏱ 30分

/100点

1 下の水溶液A〜Fについて，あとの問いに答えなさい。　4点×10〔40点〕

> A　食塩水　　B　アンモニア水　　C　塩酸　　D　砂糖水
> E　水酸化ナトリウム水溶液　　F　炭酸水

(1) 電解質の水溶液は，A〜Fのどれか。すべて選びなさい。　（　　　　　）

(2) 青色リトマス紙にA〜Fの水溶液をつけたとき，赤色に変わるのはどれか。すべて選び
　　なさい。　（　　　　　）

(3) (2)で選んだ水溶液に緑色のBTB液を加えると，何色に変化するか。　（　　　　　）

(4) (2)で選んだ水溶液は，何性か。　（　　　　　）

(5) 緑色のBTB液をA〜Fの水溶液に加えたとき，青色に変わるのはどれか。すべて選び
　　なさい。　（　　　　　）

(6) (5)で選んだ水溶液を赤色リトマス紙につけると，どうなるか。

　　（　　　　　　　　　　）

(7) (5)で選んだ水溶液は，何性か。　（　　　　　）

(8) A，C，Eの水溶液にマグネシウムリボンを入れたところ気体が発生した水溶液があっ
　　た。どの水溶液か。　（　　　　　）

(9) (8)で発生した気体を調べたところ，水素だった。発生した気体が水素であることは，ど
　　のようにするとわかるか。次のア〜ウから正しいものを選びなさい。　（　　　）

　　ア　火のついた線香を入れると，激しく燃える。

　　イ　水性の赤インクでぬったろ紙を近づけたら，脱色する。

　　ウ　マッチの炎を近づけると，音を立てて燃える。

(10) フェノールフタレイン液を入れると赤色に変わるのは何性の水溶液か。

　　（　　　　　　　　　　）

2 塩酸と水酸化ナトリウム水溶液について，次の問いに答えなさい。　4点×4〔16点〕

(1) 塩酸中では，塩化水素はどのように電離しているか。化学式を使って表しなさい。

　　（　　　　　　　　　　）

(2) (1)のイオンの化学式のうち，酸が電離したときに見られるイオンはどれか。化学式で答
　　えなさい。　（　　　　　）

(3) 水酸化ナトリウム水溶液中では，水酸化ナトリウムはどのように電離しているか。化学
　　式を使って表しなさい。　（　　　　　　　　　　）

(4) (3)のイオンの化学式のうち，アルカリが電離したときに見られるイオンはどれか。化学
　　式で答えなさい。　（　　　　　）

3 下の図1のように，スライドガラスに，食塩水をしみこませたろ紙と青色リトマス紙を置き，中央に塩酸をつけ，両端に電圧を加えた。これについて，あとの問いに答えなさい。

4点×5〔20点〕

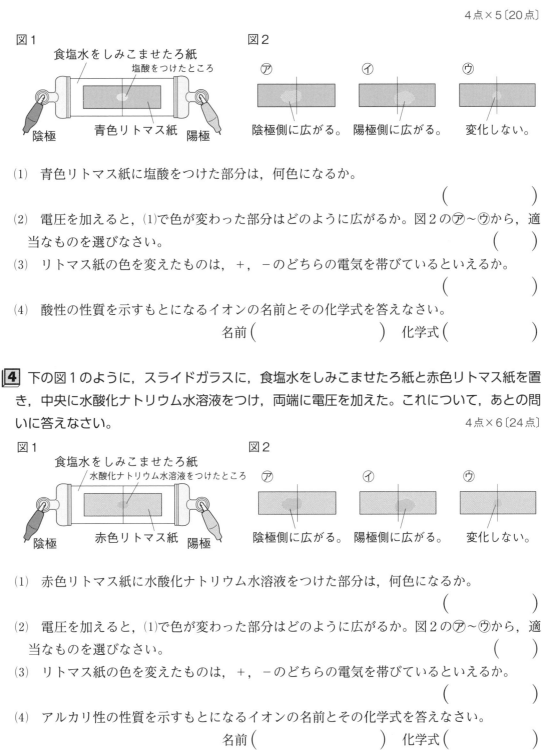

(1) 青色リトマス紙に塩酸をつけた部分は，何色になるか。

　　　　　　　　　　　　　　　　　　　　　　　　　　（　　　　　　）

(2) 電圧を加えると，(1)で色が変わった部分はどのように広がるか。図2の⑦〜⑨から，適当なものを選びなさい。　　　　　　　　　　　　　　　　　（　　　）

(3) リトマス紙の色を変えたものは，＋，−のどちらの電気を帯びているといえるか。

　　　　　　　　　　　　　　　　　　　　　　　　　（　　　　　　）

(4) 酸性の性質を示すもとになるイオンの名前とその化学式を答えなさい。

　　　　　名前（　　　　　　　　　）　化学式（　　　　　　　）

4 下の図1のように，スライドガラスに，食塩水をしみこませたろ紙と赤色リトマス紙を置き，中央に水酸化ナトリウム水溶液をつけ，両端に電圧を加えた。これについて，あとの問いに答えなさい。

4点×6〔24点〕

(1) 赤色リトマス紙に水酸化ナトリウム水溶液をつけた部分は，何色になるか。

　　　　　　　　　　　　　　　　　　　　　　　　（　　　　　　）

(2) 電圧を加えると，(1)で色が変わった部分はどのように広がるか。図2の⑦〜⑨から，適当なものを選びなさい。　　　　　　　　　　　　　　　　　（　　　）

(3) リトマス紙の色を変えたものは，＋，−のどちらの電気を帯びているといえるか。

　　　　　　　　　　　　　　　　　　　　　　　　（　　　　　　）

(4) アルカリ性の性質を示すもとになるイオンの名前とその化学式を答えなさい。

　　　　　名前（　　　　　　　　　）　化学式（　　　　　　　）

(5) 水酸化ナトリウム水溶液のpHは7より大きいか，小さいか。　（　　　　　　）

テストに出る！
予想問題

3章　酸・アルカリとイオン―②

⏱ 30分

/100点

1 右の図のように，塩酸に緑色のBTB液を加え，そこに，水酸化ナトリウム水溶液を加えていった。これについて，次の問いに答えなさい。　　　　5点×7〔35点〕

(1) はじめに塩酸にBTB液を加えたとき，水溶液は，何色になるか。　　（　　　　　　　）

(2) はじめに水溶液中にあるイオンは，次のうちどれか。すべて選びなさい。　　（　　　　　　　）

$$H^+ \quad Cl^- \quad Na^+ \quad OH^-$$

(3) ビーカーに水酸化ナトリウム水溶液を1滴ずつ加えていくと，やがて水溶液は緑色になった。このとき，水溶液中にあるイオンは，(2)の□□□の中のどれか。すべて選びなさい。　　（　　　　　　　）

(4) 塩酸にマグネシウムリボンを入れると水素が発生するが，(3)で緑色になった水溶液にマグネシウムリボンを入れるとどうなるか。

（　　　　　　　　　　　　　）

(5) 酸性の水溶液とアルカリ性の水溶液を混ぜ合わせたとき，互いの性質を打ち消し合う。この化学変化を何というか。　　（　　　　　　　）

(6) (3)の水溶液をスライドガラスにのせて加熱し，水を蒸発させると，白い結晶が現れた。この結晶は何という物質か。名前と化学式を答えなさい。

名前（　　　　　　　）　化学式（　　　　　　　）

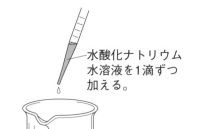

水酸化ナトリウム
水溶液を1滴ずつ
加える。

BTB液を
加えた塩酸

2 右の図のように，A～Dの4本の試験管に水酸化バリウム水溶液を10cm³ずつとり，BTB液を数滴加えた。次に，試験管B，C，Dに硫酸をそれぞれ4cm³，8cm³，12cm³加えると，試験管Cは緑色を示した。次の問いに答えなさい。　　　　5点×5〔25点〕

(1) 試験管B，Dの色は何色を示すか。

B（　　　　　　）　D（　　　　　　）

(2) 硫酸を加えると，白い沈殿が生じた。この沈殿は何という物質か。物質名を答えなさい。

（　　　　　　　）

(3) 中和のときに生じる(2)のような物質のことを何というか。　　（　　　　　　　）

(4) 試験管Dの水溶液中にはどのようなイオンが存在するか。次のア～ウから選びなさい。　　（　　　　　）

ア　イオンは存在しない。　　イ　H^+とSO_4^{2-}　　ウ　Ba^{2+}とOH^-

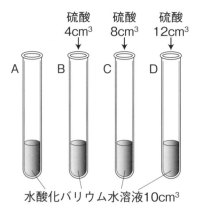

硫酸
4cm³

硫酸
8cm³

硫酸
12cm³

A　　B　　C　　D

水酸化バリウム水溶液10cm³

3 塩酸と水酸化ナトリウム水溶液の化学変化について調べるために，次のような手順で実験を行った。これについて，あとの問いに答えなさい。　4点×10〔40点〕

手順1　試験管A～Eに，それぞれ塩酸を2.0cm³ずつ入れ，緑色のBTB液を少量加えた。

手順2　手順1の試験管A～Eに，水酸化ナトリウム水溶液をそれぞれ1.0cm³，2.0cm³，3.0cm³，4.0cm³，5.0cm³加え，BTB液の色の変化を調べた。下の表は，そのときの結果をまとめたものである。

試験管	A	B	C	D	E
水酸化ナトリウム水溶液[cm³]	1.0	2.0	3.0	4.0	5.0
BTB液の色	黄色	黄色	（ X ）	緑色	（ Y ）

⑴　表のX，Yにあてはまる色を，次のア～エからそれぞれ選びなさい。

X（　　　）Y（　　　）

ア　黄色　　イ　赤色　　ウ　青色　　エ　白色

⑵　酸性とアルカリ性の強さはpHという数値で表す。次のア～ウを，pHの大きい順に左から並べなさい。　（　　　→　　　→　　　）

ア　蒸留水　　イ　塩酸　　ウ　水酸化ナトリウム水溶液

⑶　塩酸と水酸化ナトリウム水溶液の化学変化を，化学反応式で表しなさい。

（　　　　　　　　　　　　　　　　　　　　　　　　）

⑷　右の図は，塩酸2.0cm³のようすを，モデルを使って表したものである。同じようにして，試験管B，試験管Eの中の水溶液のようすを，モデルを使って表すとどのようになるか。次の㋐～㋑からそれぞれ選びなさい。ただし，液の量は全て同じに表している。

B（　　　）E（　　　）

㋐ 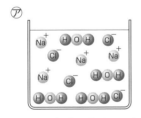　㋑ 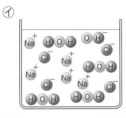　㋒ 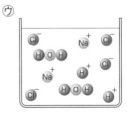　㋓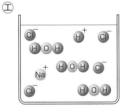

⑸　この実験で加えた水酸化ナトリウム水溶液の体積と，次の①～④のイオンの数の関係をグラフに表すとどうなるか。下の㋐～㋓からそれぞれ選びなさい。

①　水素イオン　　　②　ナトリウムイオン　　　③　水酸化物イオン　　　④　塩化物イオン

①（　　　）②（　　　）③（　　　）④（　　　）

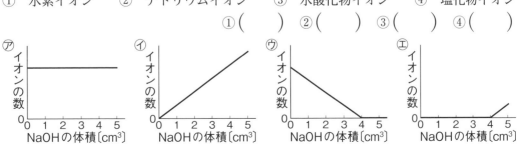

1章　天体の動き
2章　月と惑星の運動(1)

満点★ミッション

①**南中**
太陽が朝，東からのぼり，昼頃に南の空で最も高くなること。

②**南中高度**
天体が南中したときの高度。

③**日周運動**
太陽が朝，東からのぼり，昼頃南の空で最も高くなり，その後西に沈む動き。
または，南の空の星が太陽と同じように動き，北の空の星が北極星をほぼ中心として反時計回りに回る動き。

④**自転**
天体が自ら回転すること。地球は地軸を軸として西から東へ約1日に1回転している。

⑤**天球**
地球を覆う大きな仮想の球体。

⑥**天頂**
観測者の真上の点。

⑦**北極星**
地軸の延長上にあり，ほぼ動かない。

テストに出る！ ココが要点　解答 p.12

① 天体の1日の動き　教 p.230〜p.238

1 太陽の1日の動き

(1) 太陽の (① 　　　　)　太陽が，南の空で最も高くなること。このときの高度を (② 　　　　) という。

(2) 太陽の (③ 　　　　)　朝，東からのぼり，昼頃南の空で最も高くなり，夕方，西の空に沈んでいく太陽の動き。

(3) 地球の (④ 　　　　)　地球が地軸を軸として，約1日に1回，西から東へ回転していること。

(4) (⑤ 　　　　)　地球を覆う大きな仮想の球体。

(5) (⑥ 　　　　)　観測者の真上の点。

(6) 地球上の方位　経線に沿って北極の方位が北，南極の方位が南，緯線に沿って太陽がのぼる方位が東，太陽が沈む方位が西である。

図1 ●太陽の動き●

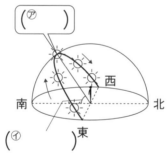

図2 ●地球上の方位●

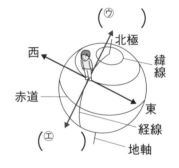

2 星の1日の動き

(1) 星の日周運動　南の空の星は，東の空からのぼり，南の空で最も高くなって，西の空へ沈んでいく。北の空の星は，
(⑦ 　　　　) をほぼ中心として，反時計回りに回る。

(2) 太陽や星の日周運動は，地球の自転によって起こる。

図3

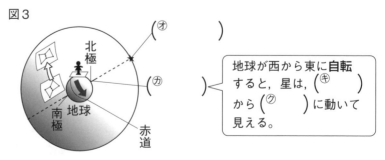

地球が西から東に**自転**すると，星は，(⑧ 　　　) から (⑨ 　　　) に動いて見える。

② 天体の１年の動き，季節の変化　教 p.239～p.247

満点★ミッション

1 星の１年の動き

(1) 地球の（⑧　　　　　）　地球が太陽のまわりを１年で１回転する動き。

(2) 同じ時刻に見える星の位置　１か月で約30°（１日に約１°）ずつ，西に移動する。

(3) 同じ位置に同じ星が見える時刻　１か月で約２時間早くなる。

(4) 星の（⑨　　　　　）　地球の**公転**による星の１年間の見かけの動き。同じ時刻に決まった方角に見える星座が，一定の速さで移り変わり，１年でもとの位置に戻る。

(5) （⑩　　　　　）　地球の公転により星座の間を動いて見える，天球上の太陽の通り道。

2 地球の運動と季節の変化

(1) 太陽の高度と受ける光の量　太陽の高度が高いほど，同じ面積に受ける光の量が増える。また，昼が長くなり，地面を照らす太陽光の量が増える。

(2) 南中高度の変化　太陽の南中高度が季節によって変化するのは，地球の公転面に対して，（⑪　　　　　）が傾いたまま公転しているからである。

図4 ●太陽光の傾きと光の量●　　図5 ●季節による昼の長さ●

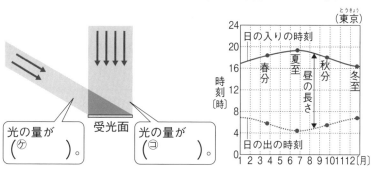

図6　　　　　　　　　　　　図7

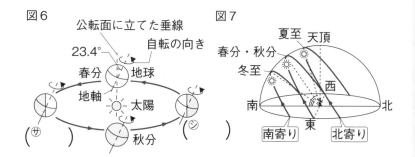

---

⑧**公転**
天体が他の天体のまわりを回転する動き。地球は太陽のまわりを１年で１回転している。

⑨**年周運動**
地球の公転によって，天体の見かけの動きが１年間かけて変わること。

⑩**黄道**
天球上での太陽の通り道。地球の公転により，太陽が星座の間を動いていくように見える。

⑪**地軸**
北極と南極を結んだ線。地球の地軸は公転面に立てた垂線に対して23.4°傾いている。

ポイント

北緯35°の南中高度
夏至の頃
90°−（35°−23.4°）
＝78.4°
冬至の頃
90°−（35°＋23.4°）
＝31.6°
春分・秋分の頃
90°−35°
＝55°

テストに出る！
予想問題

1章　天体の動き－①
2章　月と惑星の運動(1)－①

🕐 30分

/100点

よく出る **1** 右の図は，日本のある場所で，太陽の動きを透明半球にかきこんだものである。これについて，次の問いに答えなさい。
3点×9〔27点〕

(1) A〜Dの中で，南を表しているのはどの点か。
（　　）

(2) A，B，C，D，Oの中で，観測者がいる場所を表しているのはどの点か。
（　　）

(3) 太陽の位置を透明半球に記録するとき，ペンの先端の影は，図中のどの点に一致させたらよいか。記号で答えなさい。
（　　）

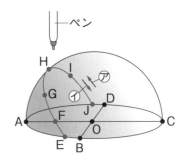

(4) F，G，H，Iは，一定時間ごとに調べた太陽の位置を表している。FG，GH，HIの長さはどのようになっているか。＞，＜，＝を用いて表しなさい。
（　　　　　　　　　　）

(5) 日の入りの位置はA〜Jのどこになるか。記号で答えなさい。
（　　）

(6) 太陽は，図の⑦，①のどちらの向きに動くか。
（　　）

(7) ∠AOHの角度で表されるものを何というか。ただし，点Hは太陽が南中したときの位置を表している。
（　　　　　　）

(8) 点Oに棒を立てたとき，影の長さが最も短くなるのは，太陽がE〜Jのどの位置にあるときか。記号で答えなさい。
（　　）

(9) 図のような，太陽の1日の動きを何というか。
（　　　　　　）

よく出る **2** 右の図は，ある日の午後7時から午後10時までのある星座の位置を表している。これについて，次の問いに答えなさい。
4点×5〔20点〕

(1) この日観察した星座は何という星座か。
（　　　　　）

(2) 図の星座が真夜中に南の空に見えるのはどの季節か。
（　　　）

(3) 星座を1時間おきに観察すると，その位置はどの方角からどの方角に動いているように見えるか。
（　　　　　　）

(4) 星座の星の(3)のような動きを星の何というか。
（　　　　　）

(5) (4)は地球の何という運動によって起こる現象か。
（　　　　　　）

（図中）
午後8時00分
午後9時00分
午後10時00分
午後7時00分

東　　　　　南　　　　　西

3 右の図は，日本における太陽や星の動きを表している。これについて，次の問いに答えなさい。 3点×7〔21点〕

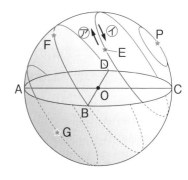

(1) 図のように，空や地平線の上に天体をのせた丸い天井があると考えたとき，この球面を何というか。（　　　）

(2) Eの星は，㋐，㋑のうちどちらへ向かって動くか。（　　）

(3) Pの星は，ほとんど動かない。何という星か。（　　　）

(4) 北極とOを結んだ線をのばした直線は，地球の何にあたるか。（　　　）

(5) 図のとき，Oの位置にいる人はGの位置にある星を観測することができるか。（　　　）

(6) E，F，Gなどの星は，(4)を軸に回転している。約1日で何度回転するか。（　　　）

(7) E，F，Gなどの星は，(4)を軸にして，1時間当たり何度回転するか。（　　　）

4 下の図は，日本のある地点で，東・西・南・北の空に向けてカメラを固定し，一定時間シャッターを開いて撮った写真である。あとの問いに答えなさい。 4点×8〔32点〕

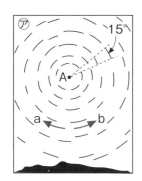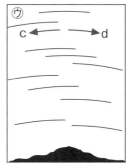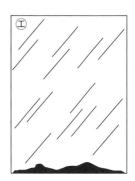

(1) 図の㋐〜㋘は，それぞれ東，西，南，北のどの方角の空のものか。 ㋐（　　）㋑（　　）㋒（　　）㋓（　　）

(2) 図の㋐では，星がAの星を中心に動いているように見える。Aの星を何というか。（　　　）

(3) 図の㋐で，星の動いた向きは，a，bのどちらか。（　　）

(4) 図の㋐で，星の動いた角度は15°である。シャッターを開いておいた時間は，何時間か。（　　　）

(5) 図の㋒で，星の動いた向きは，c，dのどちらか。（　　）

テストに出る！
予想問題

1章　天体の動き－②
2章　月と惑星の運動⑴－②

⏱ 30分

/100点

---

1 右の図のように，四季を代表する星座絵をつくり，太陽の模型（光源）を中心に地球儀を移動させて，真夜中の南の空に見える星座の移り変わりを調べた。次の問いに答えなさい。ただし，地球儀の上が北極側とする。

3点×10〔30点〕

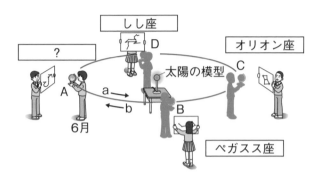

(1) 図のように，地球が太陽のまわりを1年で1回転することを何というか。　（　　　　　）

(2) 地球が移動する向きは，a，bのどちらか。　（　　　　　）

(3) Aの位置が夏のとき，B，C，Dは春，秋，冬のどれか。

　　B（　　　）　C（　　　）
　　　　　　　D（　　　）

(4) 地球が太陽のまわりを回る速さはほぼ一定か，変化するか。　（　　　　　　　　　）

(5) 地球がAの位置にあるとき，真夜中に右の図の星座が見えた。この星座の名前を答えなさい。　（　　　　　　）

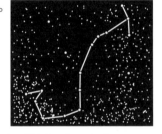

(6) (5)の星座を1か月後の真夜中に観測するとどの方角に移っているか。東，西，南のうちから答えなさい。　（　　　　）

(7) 地球がAの位置にあるとき，図の中で見ることのできない星座はどれか。　（　　　　　　）

(8) 真夜中に東の空にオリオン座が見えるのは，地球がA〜Dのどの位置にあるときか。

　　　　　　　　　　　　　　　　　（　　　　）

---

2 右の図は，1年のうちで見える星座の移り変わりを模式的に表したものである。これについて，次の問いに答えなさい。

4点×4〔16点〕

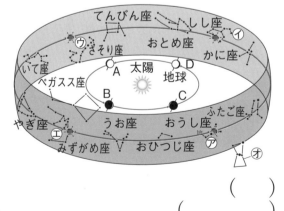

(1) 地球から見ると，太陽は天球上の星座の間を動いていくように見える。太陽の天球上の通り道を何というか。

　　　　　　（　　　　　　　　）

(2) 地球が図のBの位置にあるとき，太陽は⑦〜⊕のどの星座の方向に見えるか。

　　　　　　　　　（　　　　）

(3) 地球がCの位置にあるとき，真夜中，真南に見える星座は⑦〜⊕のどれか。

　　　　　　　　　　　　　　（　　　　）

(4) 冬によく見える⊕の星座を何というか。　（　　　　　　）

3 右の図は，日本のある地点での季節による太陽の１日の動きを表している。これについて，次の問いに答えなさい。　　　　　　　　　　　3点×8〔24点〕

(1) 図の⑦〜⊆は，東，西，南，北を表している。南と東を表しているものをそれぞれ選びなさい。

南（　　　）　東（　　　）

(2) A〜Cは，太陽の１日の動きを表している。それぞれ春分，夏至，秋分，冬至のうちどの日のものか。あてはまるものをすべて答えなさい。

A（　　　　　　　　　　）
B（　　　　　　　　　　）
C（　　　　　　　　　　）

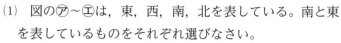

(3) 南中高度が最も高くなるのは，A〜Cのどのときか。（　　　）

(4) 昼と夜の長さがほぼ同じになるのは，A〜Cのどのときか。（　　　）

📝記述 (5) 太陽の動きが季節によって変わるのはなぜか。簡単に答えなさい。

（　　　　　　　　　　　　　　　　　　　　　　　　　　　）

4 下の図は，地球と太陽の位置関係を示したものである。これについて，あとの問いに答えなさい。　　　　　　　　　　　　　3点×10〔30点〕

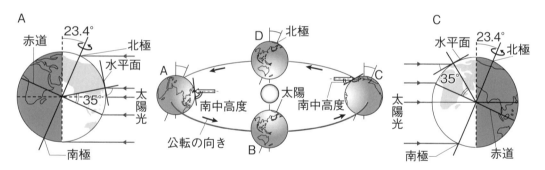

(1) A〜Dは，春分，夏至，秋分，冬至のいずれかの日の地球の位置を表している。それぞれどの日のものか。

A（　　　　　）　B（　　　　　）　C（　　　　　）　D（　　　　　）

(2) 北緯35°の日本付近で，太陽の南中高度が最も低くなるのは，地球がA〜Dのどこにあるときか。（　　　）

(3) 北緯35°の日本付近で，昼の長さが最も長いのは，地球がA〜Dのどこにあるときか。（　　　）

(4) 北極で，太陽を１日中見ることができるのは，A，Cのどちらのときか。（　　　）

(5) 日本付近の気温が高くなりやすいのは，A，Cのどちらのときか。（　　　）

(6) A，Cのときの北緯35°での太陽の南中高度を計算して求めなさい。

A（　　　　　　　）　C（　　　　　　　）

2章　月と惑星の運動(2)
3章　宇宙の中の地球

 満点★ミッション

テストに出る！ **ココが要点**　解答 p.14

① 月と惑星の運動　教 p.248〜p.255

1　月の運動と見え方

(1) （①　　　　　　） 地球のまわりを公転している天体で，太陽の光を反射して輝いている。地球に最も近い天体でもある。

(2) 月の（②　　　　　　） 月の見かけの形が毎日少しずつ変化し，約29.5日でもとの形に戻る。

(3) 同じ時刻の月の位置　前日より東へ移動して見える。

(4) 月の（③　　　　　　） 月が地球のまわりを回ること。

(5) （④　　　　　　） 太陽が月に隠されて，太陽の一部または全部が欠けること。例皆既日食，部分日食

(6) （⑤　　　　　　） 月が地球の影に入り，月の一部または全部が欠けること。例皆既月食，部分月食

図1 ●月の満ち欠け●

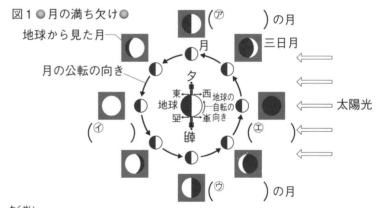

2　惑星の運動と見え方

(1) （⑥　　　　　　） 太陽や星座をつくる星のように自ら光を出している天体。

(2) （⑦　　　　　　） 恒星のまわりを公転し，恒星からの光を反射して光っている天体。

図2 ●金星の見え方●

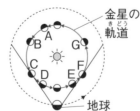

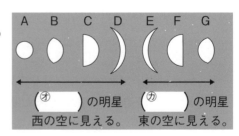

（オ　　　　）の明星　西の空に見える。　　（カ　　　　）の明星　東の空に見える。

左段（語句説明）

①月
地球のまわりを公転している天体。

②満ち欠け
月などの天体の見かけの形の変化。

③公転
天体が他の天体のまわりを回転する動き。月は地球のまわりを地球の北極側から見て反時計回りに公転している。

④日食
地球・月・太陽の順に一直線上に並ぶと起こる，太陽の一部または全部が欠けて見える現象。

⑤月食
月・地球・太陽の順に一直線上に並ぶと起こる，月の一部または全部が欠けて見える現象。

⑥恒星
太陽のように自ら光を出している天体。

⑦惑星
自ら光を出さず恒星からの光を反射して光っている天体。

② 太陽系と銀河系

教 p.256〜p.275

満点★ミッション

1 太陽のすがた

(1) 太陽 高温の気体からできた恒星で，熱や光を出している。
- 大きさ…直径は地球の約109倍(約140万km)。
- 地球からの距離…約1億5000万km(太陽約107個分)。
- (⑧)…太陽の表面に見られる黒いしみのような点。まわりより温度が低いため暗く見える。
- (⑨)…表面で炎のように見える濃い高温ガス。
- (⑩)…太陽の外側に広がる高温で希薄なガス。

(2) 黒点の変化からわかること 時間とともに位置が変化することから，太陽が自転していることがわかる。また，中央部で円形に見えていた黒点が周辺部にくると楕円形に見えることから，太陽が球形であることがわかる。

図3●太陽のようす●

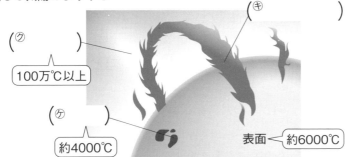

(㋖)

(㋖)
100万℃以上

(㋘)
約4000℃

表面 約6000℃

2 太陽系のすがた

(1) (⑪) 太陽を中心として運動している天体の集まり。ただ1つの恒星である太陽と，そのまわりを公転する8つの惑星や，小惑星，すい星，太陽系外縁天体によってできている。

(2) (⑫) 小型で，主に岩石からできているため密度が大きい惑星(水星，金星，地球，火星)。

(3) (⑬) 大型で，主に気体からできているため密度が小さい惑星(木星，土星，天王星，海王星)。

(4) (⑭) 惑星のまわりを公転する天体。

(5) (⑮) 主に火星と木星の軌道の間を公転する天体。

(6) (⑯) 氷とちりからできていて，楕円軌道が多い。

3 銀河系と宇宙の広がり

(1) (⑰) 太陽系を含む千億個以上の恒星からなる集団。

(2) (⑱) 銀河系と同じような恒星からなる大集団。

テストに出る！
予想問題

2章　月と惑星の運動(2)－①
3章　宇宙の中の地球－①

🕐30分

/100点

1 下の図1は，地球，月，太陽の位置関係を示したもの，図2は夕方に観察した月のようすである。あとの問いに答えなさい。　　　　5点×8〔40点〕

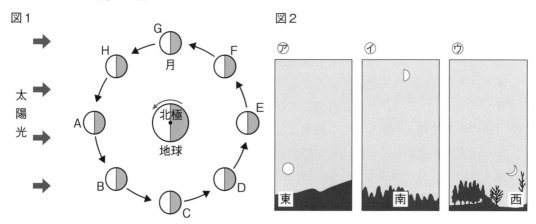

図1

図2

(1) 月は，A～Hのように地球のまわりを回っている。月のこのような運動を何というか。
　　　　　　　　　　　　　　　　　　　　　　　　　　（　　　　　　　）

(2) A～Hの月のうち，地球からすがたを見ることのできない月はどれか。　（　　　）

(3) (2)の月を何というか。　　　　　　　　　　　　　　（　　　　　　　）

(4) 月が(2)の瞬間から満月になり，再び(2)の月になるまでに何日かかるか。次のア～エから，最も適当なものを選びなさい。　　　　　　　　　　　　　（　　　）
　　ア　7日　　　イ　13.5日　　　ウ　29.5日　　　エ　365日

(5) 図2の⑦，④，⑦のような月が観察されるのは，月がA～Hのどの位置にあるときか。それぞれについて答えなさい。
　　　　　　　　　　　　　⑦（　　　）　④（　　　）　⑦（　　　）

(6) 毎日同じ時刻に月を観察すると，月の位置はどのように変化するか。次のア～ウから，正しいものを選びなさい。　　　　　　　　　　　　　　　　（　　　）
　　ア　前日より，東へ移動して見える。
　　イ　前日より，西へ移動して見える。
　　ウ　いつも同じ位置にある。

2 月について，次の問いに答えなさい。　　　　3点×3〔9点〕

(1) 月のように，惑星のまわりを公転している天体を何というか。　（　　　　　　　）

(2) 地球，太陽，月を実際の大きさが大きい順に左から並べなさい。
　　　　　　　　　　　　（　　　　　　→　　　　　　→　　　　　　）

記述 (3) 地球から見た月と太陽の見かけの大きさについて，どのようなことがいえるか。簡単に答えなさい。　　（　　　　　　　　　　　　　　　　　　　　　）

3 日食や月食について，次の問いに答えなさい。　　　　　3点×5〔15点〕

(1) 日食が起こるときの月の形を，次の**ア〜オ**から選びなさい。　（　　）

　ア 満月　**イ** 新月　**ウ** 三日月　**エ** 上弦の月　**オ** 下弦の月

(2) 皆既日食が起こるのは，下の図の⑦，⑦のどちらのときか。　（　　）

(3) コロナやプロミネンスが見られるのは，(2)の図の⑦，⑦のどちらのときか。（　　）

(4) 月食が起こるときの月の形を，(1)の**ア〜オ**から選びなさい。　（　　）

(5) 皆既月食のようすを説明したものとして適当なものを，次の**ア〜エ**から選びなさい。
　　　　　　　　　　　　　　　　　　　　　　　　　　　　　（　　）

　ア 月が全く見えなくなる。

　イ 全体が赤暗く光って見える。

　ウ 月は真っ暗だが，そのまわりに明るい光が見える。

　エ 月のまわりだけ，リングのように光って見える。

4 右の図1は，地球の北極側から見た太陽，金星，地球の位置関係，図2は地球から見える金星のようすを示したものである。次の問いに答えなさい。　　　4点×9〔36点〕

(1) 金星の公転軌道は地球よりも内側か外側か。
　　　　　　　　　　　　　　　　　（　　　　　　）

(2) 金星の公転の向きは，図1の**A**，**B**のどちらか。（　　）

記述 (3) 金星は図2のように満ち欠けして見える。それは，金星がどのようにして輝いているからか。
　　（　　　　　　　　　　　　　　　　　）

(4) 金星が最も大きく明るく見えるのは，図1の⑦〜⑦のどの位置にあるときか。また，その形はどのように見えるか。図2の**a〜e**から選びなさい。
　　　　　　　　位置（　　）形（　　）

(5) よいの明星とよばれるのは，図1の⑦〜⑦のどの位置にあるときか。また，その形はどのように見えるか。図2の**a〜e**から選びなさい。
　　　　　　　　位置（　　）形（　　）

(6) 明けの明星とよばれる金星を何日間か続けて観察した。このとき観察される金星の大きさ（直径の大きさ）はどのように変化するか。
　　　　　　　　　　　　　　（　　　　　　　　）

(7) 図1の⑦〜⑦の位置の金星で，地球から観察することができないのはどれか。（　　）

テストに出る！
予想問題

2章　月と惑星の運動(2)－②
3章　宇宙の中の地球－②

⏱ 30分

/100点

よく出る **1** 右の図は，2月8日から2月14日にかけて，太陽の表面を観察したものである。これについて，次の問いに答えなさい。
5点×5〔25点〕

(1) 表面に見える黒いしみのように見えるAは何か。
（　　　　　）

記述 (2) Aが暗く（黒く）見える理由は何か。
（　　　　　　　）

(3) Aは，右の端まで移動すると見えなくなり，しばらくすると左端から現れる。このことから，太陽はどのような運動をしているといえるか。
（　　　　　）

(4) Aが，太陽の周辺部では左右を押しつぶされたように見えることから，太陽はどのような形をしていることがわかるか。　　　　（　　　　）

(5) Aの部分の温度は約何℃か。次のア〜エから選びなさい。
（　　　）
ア　約2000℃　　イ　約4000℃　　ウ　約6000℃　　エ　約1600万℃

2月8日

2月10日

2月12日

2月14日

2 太陽系の8つの惑星について，次の問いに答えなさい。
3点×7〔21点〕

(1) 次の①〜⑤の文はどの惑星について述べたものか。惑星の名前を下の〔　〕から選んで答えなさい。

① 直径が地球の約11倍ある巨大な惑星。表面にしま模様と大赤斑とよばれる大きな渦が見られる。
（　　　　　）

② 太陽に最も近いところを公転する惑星。表面には多数のクレーターが見られ，半径の大きさは，太陽系の惑星の中で最も小さい。
（　　　　　）

③ 地球のすぐ外側を公転する惑星。表面は赤褐色の砂や岩石に覆われていて，液体の水が流れていた痕跡が見つかっている。
（　　　　　）

④ 直径が地球の9倍あり，大きな環をもつ惑星。平均密度は太陽系の惑星の中では最も小さい。
（　　　　　）

⑤ 地球のすぐ内側を公転する惑星。大気の主成分は二酸化炭素で，表面温度は約460℃である。
（　　　　　）

〔　水星　　金星　　地球　　火星　　木星　　土星　　天王星　　海王星　〕

(2) 地球型惑星と木星型惑星は主に密度の大きさで分けられている。密度が大きいのはどちらか。
（　　　　　　　）

(3) 木星型惑星を(1)の〔　〕からすべて選んで答えなさい。
（　　　　　　　）

3 太陽系には惑星以外にも多くの小天体があり，太陽のまわりを回っている。これらの天体について，次の問いに答えなさい。　　　　　　　　　　　　　　　　　　4点×4〔16点〕

(1) 月，タイタン，ガニメデなど，惑星のまわりを公転している天体のことを何というか。

（　　　　　　　）

(2) 小惑星の多くは，ある2つの惑星の軌道の間に存在する。何という惑星と何という惑星の軌道の間か。次の**ア〜ウ**から選びなさい。（　　　　　　　）

ア 金星と地球の間　　**イ** 火星と木星の間　　**ウ** 木星と土星の間

(3) すい星について述べた文として正しいものを，次の**ア〜ウ**から選びなさい。（　　　　　）

ア 巨大な岩石でできていて，太陽に近づくと表面から青白い炎を出して燃える。

イ 地球の軌道上にあるちりで，地球に近づいたときに明るい光が見える。

ウ 氷とちりでできていて，太陽に近づくと蒸発した気体とちりの尾が見える。

(4) 主にすい星から放出されたちりが地球の大気とぶつかって光り輝く現象を何というか。

（　　　　　　　）

4 右の図は，太陽系や星座をつくる，千億個以上の恒星からなる天体の集団の模式図である。これについて，次の問いに答えなさい。　　　　　　　　3点×6〔18点〕

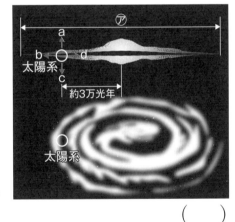

(1) 図の太陽系を含む天体の集団のことを何というか。　　　　　　（　　　　　　　）

(2) (1)に含まれる天体のうち，恒星が集団をつくっているものを何というか。（　　　　　）

(3) (1)に含まれる，ガスのかたまりをともなったものを何というか。（　　　　　）

(4) 図の⑦の距離は約何光年か。

（　　　　　　　）

(5) 夏の天の川は，太陽系から図のa〜dのどちらを見たものか。

（　　　　　　　）

(6) 宇宙には図の天体の大集団と同じようなものが数多く存在する。これらのものを何というか。

（　　　　　　　）

5 太陽を中心にした天体の集まりについて説明した次の①〜⑤の文のうち，正しいものには○，まちがっているものには×をつけなさい。　　　　　　4点×5〔20点〕

① （　　　　）ガニメデ，エウロパ，イオは土星の衛星である。

② （　　　　）めい王星は，太陽系外縁天体のなかまである。

③ （　　　　）小惑星は，隕石となって地球に落下することがある。

④ （　　　　）土星の密度は水よりも小さい。

⑤ （　　　　）太陽の近くにある惑星ほど，太陽から受けとるエネルギーが大きく，公転周期が長い。

単元⑥ 地球の明るい未来のために

1章 自然環境と人間 2章 科学技術と人間
終章 これからの私たちのくらし

テストに出る！ ココ が 要点 解答 p.15

① 自然環境の変化
教 p.288～p.301

1 人間の活動と自然環境

(1) 自然環境の変化 産業革命以降，世界の人口が増加し自然環境や生態系に大きな影響を与えてきた。

(2) 生物の絶滅 ある生物の種が地球上もしくはある地域からいなくなることを絶滅という。

(3) (①   ) 地球の気温が上昇していること。人間の活動が盛んになったことが原因の一つだと考えられている。

(4) (②   ) もともとその地域に生息していなかったが，人間の活動によって持ちこまれて定着した生物。もともとその地域に生息していた生物をおびやかすことがある。

(5) 自然環境調査 川の水の汚れの手掛かりとなる生物（指標生物）を調べ，水の汚れの程度を判定したり，マツの葉の気孔の汚れ方で空気の汚れを調べたりする方法がある。

図1 ●指標生物●

(㋐   ) ユスリカ類 (㋑   ) (㋒   )

(6) 自然環境の保全 手つかずの自然だけではなく，身近にある里山や身のまわりの大気，水，土壌などの保全に務める必要がある。

2 自然災害

(1) 気象災害 台風や豪雨，竜巻など。

(2) 地震や火山の災害 4枚の(③   )がひしめく日本列島では地震や火山の災害が多い。

●地震による災害…陸のプレートと海のプレートの境界で起こる地震は，揺れによる災害だけでなく(④   )が発生し，海岸に押し寄せることもある。

●火山の噴火による災害 火山弾や溶岩，火山灰，火山ガスなどの火山噴出物が大きな被害をもたらすことがある。

満点★ミッション

①地球温暖化
近年，地球の気温が上昇していること。

②外来種（外来生物）
もともとその地域に生息せず，他の地域から持ちこまれて定着した生物。

ポイント
指標生物を用いた自然環境調査では，生物の種類だけでなく，個体数も記録する。

③プレート
十数枚の地球表面を覆う岩盤。
④津波
海域にある，海のプレートと陸のプレートの境界で起こる地震によって発生することがある波。

(3) 自然災害から身を守る　自然災害の発生を予測する研究が行われている。また，緊急地震速報などで警戒を促している。

② 科学技術と人間

教 p.302～p.329

1 エネルギーの利用と課題

(1) 電気エネルギーのつくり方　火力発電，水力発電，原子力発電，太陽光発電，地熱発電，風力発電，バイオマス発電などの方法で発電する。

(2) 火力発電…石炭，石油，天然ガスなどの(⑤　　　　　)は，埋蔵量に限りがある。

(3) 原子力発電…少量の核燃料から大きなエネルギーが得られるが，核分裂によって(⑥　　　　　)を出し続ける放射性物質ができるため，安全に管理をする必要がある。

(4) 放射線…α線，β線，中性子線，X線，γ線など。

(5) (⑦　　　　　) 放射線を受けること。

(6) (⑧　　　　　) いつまでも利用できるエネルギー。

2 いろいろな物質の利用

(1) (⑨　　　　　) 石油などから人工的につくられた物質で，合成樹脂ともよばれる。

(2) 新しい素材　いろいろな性質をもつ機能性高分子，炭素繊維，形状記憶合金が生み出されている。

3 科学技術と未来

(1) すまいと科学技術　セメントの発明により，住居が一新した。現在では，地震の揺れに耐える技術，部屋の熱を逃げにくくしてエネルギーの消費を減らす工夫などがとり入れられている。

(2) 食と科学技術　化学肥料や品種改良により収穫量が増えた。

(3) 健康なくらしと科学技術　優れた医療品の開発や治療法の改良などが進められている。

(4) 人やものを運ぶ科学技術　蒸気機関の発明をきっかけとして，自動車，汽車，電車，飛行機などが開発され，人間の活動が盛んになった。

(5) 情報を伝える科学技術　20世紀の中頃から**コンピュータ**が発達した。20世紀の後半からは**インターネット**を通じて世界とつながり，情報の入手と伝達がたやすくなった。

(6) (⑩　　　　　) くらしに必要なエネルギーなどを将来の世代まで安定して手に入れることができる社会。

⑤**化石燃料**
大昔の生物の死がいが変化した石炭，石油，天然ガスなど。

⑥**放射線**
α線，β線，中性子線，X線，γ線など。透過性，電離作用がある。

⑦**被ばく**
放射線を受けること。外部被ばくと内部被ばくがある。

⑧**再生可能エネルギー**
太陽エネルギーなど，いつまでも使い続けることができるエネルギー。

⑨**プラスチック**
石油などからつくられた人工の物質。ポリエチレン，ポリ塩化ビニルなどさまざまな種類がある。

⑩**持続可能な社会**
くらしに必要なものやエネルギーを将来に渡って安定して手に入れられる社会。

61

テストに出る！
予想問題

1章　自然環境と人間　2章　科学技術と人間
終章　これからの私たちのくらし

🕐30分
/100点

1 人間の活動と自然環境の関わりについて次の問いに答えなさい。　4点×8〔32点〕

(1) 近年，地球の気温が上昇している。このことを何というか。　（　　　　　　）

(2) ある生物の種が地球上やある地域からいなくなることを何というか。
　　（　　　　　　）

(3) ある地域に，もともと生息していなかった生物が人間の活動によって持ちこまれると，その地域に定着することがある。この生物を何というか。　（　　　　　　）

(4) (3)による影響について，適当なものを次のア〜ウから選びなさい。　（　　）
　ア　その地域にすむ生物の種類が増えるので，自然環境が必ず豊かになる。
　イ　もともとその地域にすんでいた生物を食べるなど，多様性をおびやかすことがある。
　ウ　その地域の一部の生物の生存には影響することがあるが，多様性をおびやかすことはない。

(5) 川や湖の汚れの程度は，そこにすむ生物の種類で判断できる。次の①〜④のような川や湖にすんでいる生物を，下の㋐〜㋓から選びなさい。
　①きれいな水（　　　）　　②ややきれいな水（　　　）
　③きたない水（　　　）　　④たいへんきたない水（　　　）

㋐
タニシ類

㋑
ユスリカ類

㋒
サワガニ

㋓
ヤマトシジミ

2 自然がもたらす災害について，次の問いに答えなさい。　3点×5〔15点〕

(1) 7月から10月頃に日本付近にやってきて，大雨と強風により災害を起こす気象現象を何というか。　（　　　　　　）

(2) 日本列島付近には，海のプレートが陸のプレートの下にもぐりこむ場所にある。このために起こる災害を，次の〔　〕から選んで答えなさい。　（　　　　　　）
　〔　洪水　　竜巻　　水不足　　地震　〕

(3) 自然災害から身を守るための方法として，次の①〜③の文のうち，正しいものには〇，まちがっているものには×をつけなさい。
　①（　　　）備蓄品，持ち出し品を準備して災害時に持ち出せるようにしておく。
　②（　　　）避難場所や災害時の連絡方法を家族と話し合っておく。
　③（　　　）地震はいつ発生するか予測が困難なので，事前に準備をする必要はない。

3 日本で行われている発電方法について，次の問いに答えなさい。　　4点×8〔32点〕

(1)　火力発電について述べた次の文の（　）にあてはまる言葉を，それぞれ答えなさい。

①（　　　　　　　）　②（　　　　　　　）　③（　　　　　　　）　④（　　　　　　　）

> 　火力発電では，石油や石炭，天然ガスなどの（　①　）を燃やす。（　①　）を燃やすと，硫黄酸化物や窒素酸化物が排出されて大気汚染の原因になる。また，石油や石炭の炭素分は酸化されて（　②　）が大気中に放出され，宇宙へ出ていこうとする熱を吸収し，再放出する。このような気体は（　③　）ガスとよばれ，これらの気体が大気中に増加することが（　④　）の原因となると考えられている。

(2)　水力発電はダムの水がもつ何エネルギーを利用しているか。　　　（　　　　　　　）

(3)　使用済み核燃料には放射線を出し続ける物質が含まれるので，処理や安全面での管理，注意が重要である発電方法を何というか。　　　　　　　　　（　　　　　　　）

(4)　放射線を受けることを何というか。　　　　　　　　　　　　　　（　　　　　　　）

(5)　再生可能エネルギーの説明として適当なものを次のア〜エからすべて選びなさい。

（　　　　　　　）

ア　原料は使い続ければ枯渇する，有限な物質である。

イ　太陽のエネルギーなど，いつまでも利用できるエネルギー資源のことをいう。

ウ　再生可能エネルギーを利用した発電は，火力発電よりも発電量が多い。

エ　再生可能エネルギーを利用した発電は，環境を汚す恐れが少ない。

4 いろいろな物質について，次の問いに答えなさい。　　3点×7〔21点〕

(1)　プラスチックの性質について述べた，次の①〜④の文にあてはまるプラスチックの名前を下の〔　〕から選んで答えなさい。

①（　　　　　　　）　②（　　　　　　　）
③（　　　　　　　）　④（　　　　　　　）

①　うすい透明な容器をつくりやすく，ボトルなどに利用されている。

②　燃えにくい，薬品に強いなどの特徴があり，水道管などに利用されている。

③　密度が小さく，水や薬品に強く，レジ袋などに利用されている。

④　衝撃に強い厚い板をつくりやすく，水槽などに利用されている。

〔　ポリスチレン　　ポリ塩化ビニル　　ポリエチレンテレフタラート
　ポリエチレン　　ポリプロピレン　　アクリル樹脂　〕

(2)　ポリエチレンの分子のように，とても多くの原子がつながった分子からなる化合物を何というか。　　　　　　　　　　　　　　　　　　　　　　　　（　　　　　　　）

(3)　テニスのラケットや釣りざおなどに使われている，原油の成分やアクリル繊維を高温処理し，加工した繊維を何というか。　　　　　　　　　　　　（　　　　　　　）

(4)　温度センサーや眼鏡などに使われている，変形されても加熱や冷却をすることで，もとの形に戻る合金を何というか。　　　　　　　　　　　　　　（　　　　　　　）

巻末 特集

教科書で学習した内容の問題を解きましょう。

① 仕事 数 p.54~p.57 下の図1，2のようにして，質量500gの物体Aを30cmの高さまで引き上げる実験を行った。糸の質量や，摩擦力は考えないものとし，質量100gの物体にはたらく重力の大きさを1Nとして，あとの問いに答えなさい。

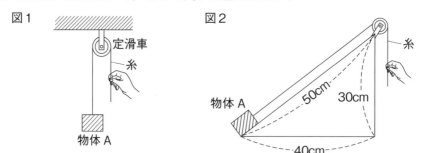

図1　定滑車　糸　物体A

図2　糸　物体A　50cm　30cm　40cm

(1) 図1で，糸を30cmゆっくり引き下げたとき，手が物体Aにした仕事の大きさは何Jか。
(　　　　　　　)

(2) 図2で，糸を50cmゆっくり引き下げたとき，何Nの力で糸を引いたか。
(　　　　　　　)

(3) (2)のとき，糸を1秒間に5cmずつ引き下げた。このときの仕事率は何Wか。
(　　　　　　　)

(4) 物体Aを30cmの高さまで引き上げるのに，図1では5秒，図2では10秒かかったとすると，図1の仕事率は図2の仕事率の何倍か。
(　　　　　　　)

② 遺伝の規則性 数 p.110~p.113 エンドウの種子の形には，丸としわの2種類しかない。丸い種子をつくる純系としわのある種子をつくる純系を親として掛け合わせたところ，子は全て丸い種子になった。種子を丸くする遺伝子をA，種子をしわにする遺伝子をaとして，次の問いに答えなさい。

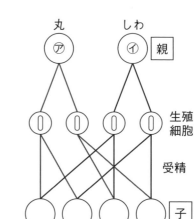

丸 ⑦　しわ ⑦　親
生殖細胞
受精
子
丸　丸　丸　丸

(1) 図の⑦，⑦にあてはまる遺伝子の組み合わせをそれぞれA，aを使って表しなさい。
　　⑦(　　　　　)　⑦(　　　　　)

(2) 子でできた丸い種子をまいて育て，自家受粉すると，孫では丸い種子としわのある種子ができた。このとき，丸い種子としわのある種子の数の比はおよそ何：何か。整数の比で答えなさい。
(　　　　　　　)

(3) 孫の代で，種子が600個できたとすると，そのうち丸い種子はおよそ何個できたと考えられるか。
(　　　　　　　)

中間・期末の攻略本
解答と解説

取りはずして使えます！

大日本図書版　理科3年

単元1　運動とエネルギー

1章　力の合成と分解
2章　水中の物体に加わる力

p.2〜p.3　ココが要点

①力の合成　②合力　③対角線　④力の分解
⑤分力　⑥平行四辺形
㋐重力W
⑦重力
㋑分力　㋒重力
⑧浮力
㋓2　㋔4
㋕4
⑨水圧
㋖大き　㋗下

p.4〜p.5　予想問題

1 (1)1 N
(2)①
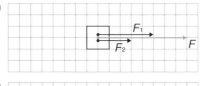
②
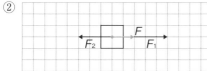
(3)①8 N　②2 N

2 ①　②

③
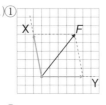

3 (1)①
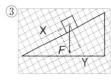

②　　　③

(2)力F…重力
　分力Yとつり合っている力…垂直抗力
(3)変わらない。　　(4)大きくなる。

4 (1)1.5N　　(2)イ
(3)①上　②浮力　③0.6　　(4)ウ

5 (1)水圧　　(2)㋒
(3)あらゆる向き　　(4)C

解説

1 (3)①5〔N〕＋3〔N〕＝8〔N〕
　②5〔N〕－3〔N〕＝2〔N〕

2 2つの力を表す矢印F_1，F_2を2辺とする平行四辺形を作図する。その対角線が2つの力の合力となる。

3 (1)矢印を対角線とする平行四辺形を作図する。このとき，2辺はX，Y方向にとる。
(3)斜面の傾きが同じであれば，物体が斜面のどこにあっても分力X，分力Yの大きさは変わらない。
(4)斜面の傾きが大きくなると分力Xは大きく

1

なり，分力 Y は小さくなる。

4 (1)図1のように空気中ではかったときにばねばかりの示す値が重力の大きさである。

(2)浮力は，物体の水に沈んでいる部分の体積が大きいほど大きくなる。このため，物体を下面から水中に沈めていくと，だんだん浮力が大きくなり，ばねばかりの示す値の大きさが小さくなっていく。

(3)水中にある物体の浮力の大きさは，図1の空気中でのばねばかりの示す値と，図2の水中でのばねばかりの示す値の差で求められる。したがって，図2の物体に加わる浮力の大きさは，
1.5〔N〕 − 0.9〔N〕 = 0.6〔N〕

(4)浮力は，物体の水に沈んでいる部分の体積が大きいほど大きくなるが，水の深さには関係しない。したがって，物体が水中に完全に沈んだ状態から，さらに物体を沈めても浮力の大きさは変わらない。

5 (2)(3)水圧は，あらゆる向きから加わるため，ゴム膜は内側にへこむ。また，水圧は，その場所より上にある水の重さによって生じるので，上のゴム膜より，下のゴム膜の方が大きくへこむ。

(4)A，B，Cのそれぞれの穴の位置より上にある水の重さで考える。穴の位置が低いほど，大きな力を受ける。

3章 物体の運動

p.6～p.7 ココが要点
①速さ ②平均の速さ ③瞬間の速さ
④記録タイマー
⑦遅く ⑦速く
⑤等速直線運動
⑦原点 ⑦大きく
⑥自由落下運動 ⑦重力 ⑧慣性
⑨慣性の法則 ⑩反作用

p.8～p.9 予想問題
1 (1)⑦ (2)⑦ (3)⑦
2 (1)⑦ (2)⑦ (3)⑦ (4)1.5m/s
3 (1)48km/h (2)20km (3)1200m
4 (1)60km/h

---

(2)平均の速さ
(3)瞬間の速さ
5 (1)0.1秒 (2)40cm/s (3)⑦
(4)⑦の方が打点の間隔が広いから。
6 (1)受けている。
(2)一定。 (3)増加する。
(4)39cm/s (5)大きくなる。

解説

1 観覧車の運動は，向きは変わるが速さは一定である。床をはねるボールの運動は，常に向きと速さが変わっている。斜面を下る台車の運動は，向きは変わらないが，速くなっていく。摩擦のない水平面を滑る物体の運動は，向きも速さも変わらない。このような運動を等速直線運動という。

2 (1)～(3)⑦は0.2秒ごとの間隔が等しいので速さが一定の運動である。⑦は間隔がしだいに広がっているので，だんだん速くなる運動である。⑦は間隔がしだいに狭くなっているので，だんだん遅くなる運動である。

(4)AB間の間隔が5つなので，ドライアイスがAB間を移動した時間は，
0.2〔s〕× 5 = 1.0〔s〕
したがって，ドライアイスがAB間を移動したときの速さは，
$\dfrac{1.5〔m〕}{1.0〔s〕} = 1.5〔m/s〕$

3 (1)1時間30分 = 1.5時間
$\dfrac{72〔km〕}{1.5〔h〕} = 48〔km/h〕$

(2)20分 $= \dfrac{20}{60}$ 時間 $= \dfrac{1}{3}$ 時間
したがって，自動車が進んだ距離は，
$60〔km/h〕× \dfrac{1}{3}〔h〕 = 20〔km〕$

(3)5分 = 300秒
4〔m/s〕× 300〔s〕 = 1200〔m〕

4 (1)30分 = 0.5時間
$\dfrac{30〔km〕}{0.5〔h〕} = 60〔km/h〕$

(2)ある区間を一定の速さで移動したと考えたときの速さを，平均の速さという。

(3)速度計が示す速さのように，ごく短い時間に

移動した距離を，移動した時間でわって求めた速さを，瞬間の速さという。

5 (1)$\frac{1}{50}$秒で1打点するので，5打点では，

$\frac{1}{50}$〔s〕× 5 = $\frac{1}{10}$〔s〕= 0.1〔s〕

(2)$\frac{4\,〔cm〕}{0.1\,〔s〕}$ = 40〔cm/s〕

(3)(4)⚠ミス注意！ ④の方が，5打点する間に進んだ距離が長い。

6 (1)台車が斜面を下るとき，台車は運動の向きに力（斜面に平行な力）を受けている。
(2)重力の分力は，斜面の傾きが同じであれば，斜面のどこでも一定である。
(3)物体が運動の向きに力を受け続けると，速さが増加する。
(4)6打点する時間は0.1秒なので，

$\frac{3.9\,〔cm〕}{0.1\,〔s〕}$ = 39〔cm/s〕

(5)斜面の角度 a を大きくすると，台車にはたらく重力の斜面に平行な分力が大きくなるので，台車が受ける力が大きくなる。そのため，速さの変化の割合は大きくなる。

p.10 ～ p.11 予想問題

1 (1)受けていない。
(2)等速直線運動
(3)25cm/s
(4)右図
(5)⑦
(6)慣性の法則

2 (1)区間AB (2)区間BC (3)38cm/s
3 (1)重力 (2)同じ大きさ (3)0.1秒
(4)145cm/s
(5)増加している。
4 (1)⑦ (2)④
(3)慣性 (4)イ

解説

1 (1)(2) ポイント 運動する物体が力を受けていないとき，または，受けている力がつり合っているとき，物体は一直線上を一定の速さで運動し続ける。この運動を等速直線運動という。
(3)どの区間も0.1秒で2.5cm移動しているので，

$\frac{2.5\,〔cm〕}{0.1\,〔s〕}$ = 25〔cm/s〕

(4)速さは25cm/sで，一定である。
(5)等速直線運動では，移動距離が時間に比例する。よって，原点を通る直線のグラフとなる。

2 (1)台車は斜面を下っている間，台車にはたらく重力の斜面に平行な分力を運動の向きと同じ向きに受けている。
(2)(3)⑤⑥⑦のテープが3.8cmで変わらないので等速直線運動をしていると考えられる。

$\frac{3.8\,〔cm〕}{0.1\,〔s〕}$ = 38〔cm/s〕

3 ポイント 自由落下運動する物体は重力を受け続け，物体の速さが一定の割合で増加する。
(3)$\frac{1}{60}$秒ごとに1打点するので，6打点する時間は，

$\frac{1}{60}$〔s〕× 6 = $\frac{1}{10}$〔s〕= 0.1〔s〕

(4)$\frac{14.5\,〔cm〕}{0.1\,〔s〕}$ = 145〔cm/s〕

4 (1)進行方向に進み続けようとする。
(2)静止し続けようとする。
(4)AさんがBさんを押すと，AさんはBさんから力を受ける。この一方を作用，もう一方を反作用という。作用と反作用は，力の大きさが等しく，一直線上で反対向きに，異なる物体に対してはたらく。

4章 仕事とエネルギー(1)

p.12 ～ p.13 ココ が 要点

①仕事 ②ジュール ③J ④重力
⑦4 ④200
⑤摩擦力
⑦3
⑥仕事の原理
⑤定滑車 ⑦動滑車 ⑦1
⑦変わらない（同じ）
⑦仕事率 ⑧ワット ⑨W
⑩エネルギー ⑪ジュール ⑫J
⑬位置エネルギー ⑭運動エネルギー
⑦大き ⑦小さ

1 (1)重力

(2)図1…4 N　図2…5 N

(3)物体A…12J　物体B…10J

(4)0 J

2 (1)摩擦力　　(2)0 J

(3)2.2N　　(4)0.66J

3 (1)①50cm　②100cm

(2)①10N　②5 N

(3)①5 J　②5 J　③5 J

(4)仕事の原理

(5)1 W

4 (1)位置エネルギー

(2)大きくなる。

(3)大きくなる。

(4)運動エネルギー

解説

1 (3) **ポイント** 仕事〔J〕＝力の大きさ〔N〕×力の向きに移動した距離〔m〕

物体A…4〔N〕×3〔m〕＝12〔J〕

物体B…5〔N〕×2〔m〕＝10〔J〕

(4) **参考** 物体に加わった力の向きと物体の移動の向きが垂直なので，仕事をしたことにはならない。

2 (1)摩擦力は，物体に力を加えたときのみ，物体が運動する向きとは反対方向に加わる力である。摩擦力は物体に加えた力とつり合っている。

(2)力を加えても，物体が力の向きに動いていなければ，仕事をしたことにはならない。

(3)物体が動いているときばねばかりが2.2Nを示しているので，摩擦力も2.2Nである。

(4)仕事〔J〕＝力の大きさ〔N〕×物体を動かした距離〔m〕

2.2〔N〕×0.3〔m〕＝0.66〔J〕

3 (1)①では糸を引いた距離だけ，物体が動く。②では，動滑車を用いているので，引いた距離の半分だけ物体が動く。

(2)①では，物体にはたらく重力と同じ大きさの力で引き上げる。②では，動滑車を用いているので，物体にはたらく重力の半分の力で引き上げることができる。

(3)(4) **ポイント** どれも1 kgの物体を高さ50cmに引き上げているので，仕事の大きさは同じ。

(5) $\dfrac{5〔J〕}{5〔s〕} = 1〔W〕$

4 (1)～(3) **ポイント** 高いところにある物体がもつエネルギーを位置エネルギーという。位置エネルギーは，物体の位置が高いほど，物体の質量が大きいほど大きくなる。

(4)運動している物体がもっているエネルギーを運動エネルギーという。運動エネルギーは，物体の質量が大きいほど，物体の速さが大きいほど大きくなる。

4章　仕事とエネルギー(2)

①位置エネルギー　②運動エネルギー

③力学的エネルギー

④力学的エネルギーの保存

⑦位置　④運動　⑦力学的

⑤弾性エネルギー　⑥電気エネルギー

⑦熱エネルギー　⑧光エネルギー

⑨音エネルギー　⑩化学エネルギー

⑪核エネルギー

④運動　④電気　⑦光

⑫ジュール

⑬エネルギーの保存　⑭エネルギー変換効率

⑮伝導(熱伝導)　⑯対流　⑰放射(熱放射)

1 (1)運動エネルギー

(2)イ，オ

(3)位置エネルギー

(4)運動エネルギー

(5)ウ　　(6)イ

2 (1)⑦　　(2)⑦

(3)⑦，④

(4)力学的エネルギー

(5)変わらない。

3 (1)水蒸気　　(2)ウ　　(3)運動エネルギー

(4)位置エネルギー

4 (1)イ　　(2)伝導(熱伝導)

(3)ア　　(4)対流

解説

1 (1)(4) **ポイント** 物体が斜面を下るにしたがっ

て，位置エネルギーが小さくなり，運動エネルギーが大きくなる。

(2)運動エネルギーが最大になるのは，位置エネルギーが最小になるときである。

(3) **ポイント** 物体が斜面を上るにしたがって，位置エネルギーが大きくなり，運動エネルギーが小さくなる。

(5) **ポイント** 斜面を上る運動では，進行方向と反対向きの力を受けるので，速さは減少する。

(6)ジェットコースターは，Aと同じ高さから動き出しているので，Aでもっていた位置エネルギーがジェットコースターのもつ力学的エネルギーとなる。力学的エネルギーは保存されるので，Gまでは斜面を上ることができる。

② (1)(2)⑦では，運動エネルギーが最も大きくなるので，速さが最も速い。

(3)最も高い位置にある⑦，⑦での位置エネルギーが最大となる。

(4)(5) **ポイント** 位置エネルギーと運動エネルギーの和を力学的エネルギーといい，摩擦力や空気の抵抗を考えなければ，常に保存される。

③ (1)沸騰した水からは水蒸気が盛んに発生し，羽根車に当たって回転させる。

(2)温度の上がった水（水蒸気）は熱エネルギーをもっている。

(3)羽根車は回転しているので，運動エネルギーをもっているといえる。

(4)位置エネルギーは，物体が高いところにあるほど，大きくなる。

④ (1)熱は温度が高い方から低い方に移動する。

(3)風呂をわかすとき，上の方よりも下の方が冷たいと感じたり，暖房を使っている部屋で，座っているときより立ったときの方があたたかく感じたりすることがある。

これは，対流によりあたたかい水や空気が上に移動したためである。

単元2 生命のつながり

1章 生物の成長とふえ方

p.20〜p.21 ココが要点
①細胞分裂 ②染色体 ③複製 ④体細胞分裂
⑦核 ⑦染色体
⑤生殖 ⑥無性生殖 ⑦栄養生殖 ⑧有性生殖
⑨生殖細胞 ⑩精細胞 ⑪卵細胞 ⑫精子
⑬卵 ⑭胚 ⑮発生
⑦花粉管 ⑪胚 ⑦種子
⑦卵 ⑦精巣
⑯減数分裂

p.22〜p.23 予想問題
① (1)(うすい)塩酸 (2)イ
  (3)①⑦ ②⑦
  (4)染色体 (5)イ
  (6)E→B→A→C→D→F
② (1)ア，エ (2)減数分裂
  (3)形質 (4)図2
③ (1)柱頭 (2)受粉
  (3)やく (4)花粉管
  (5)精細胞 (6)卵細胞
  (7)受精 (8)①果実 ⑦種子
  (9)ウ (10)発生
④ (1)①1つ ②精子 ③精巣
    ④受精 ⑤有性生殖
  (2)①⑦→⑦→⑦→⑦ ②胚

解説
① (1)(2)塩酸につけてしばらくおくことで，細胞と細胞が離れやすくなる。

(3)タマネギの根の先端近くには，細胞分裂が盛んな部分がある。分裂した細胞は，もとの大きさまで体積が大きくなる。

(4)細胞分裂のときには，丸い核ではなく染色体が見える。

(5)細胞分裂するときに染色体の数は2倍になり，2つの細胞に分かれると，もとの細胞と同じ数の染色体をもつ細胞になる。

(6)Aは染色体が太く短くなって2つに分かれるようす，Bは核の中に染色体が見えてくるようす，Cは分かれた染色体が細胞の両端に移動す

5

るようす，Dは細胞の真ん中に仕切りができ始めるようす，Fは細胞質が分かれて2つの細胞となり，一つ一つの細胞が大きくなるようすである。

2 (1)ミカヅキモ，アメーバなどの単細胞生物は，分裂してなかまをふやす。このように，雌雄に関係しない生殖を無性生殖という。

(2)有性生殖では生殖細胞によって，新しい個体がつくられる。この生殖細胞をつくるための特別な細胞分裂を減数分裂という。減数分裂によって，生殖細胞のもつ染色体の数は，もとの細胞の半分になるが，雌と雄の生殖細胞が受精して受精卵できると，染色体の数はもとの数に戻る。

(3)生物のいろいろな特徴のことを形質といい，遺伝子が形質を決める。

(4)無性生殖では，体細胞分裂によって個体がふえるので，子は親の特徴をそのまま受け継ぐ。有性生殖では，雌の染色体と雄の染色体を半分ずつ受け継ぐので，親と子，子どうしの間で形質にちがいが生じることがある。

3 (4)(5)柱頭に花粉がつくと，花粉から花粉管が胚珠の中の卵細胞までのびていく。花粉管の中には精細胞があり，やがて受精が行われる。

(8)受精後，胚珠は種子になり，子房は果実になる。受精卵は分裂して胚になる。

4 (1)Aの精子は雄の精巣でつくられ，Bの卵は雌の卵巣でつくられる。精子が卵に出会い，受精すると受精卵ができ，分裂が始まる。

(2)カエルの受精卵は1つの細胞が2つ，4つ，8つ…と分裂を繰り返し，親と同じような体になる。この過程を発生という。

2章　遺伝の規則性と遺伝子
3章　生物の種類の多様性と進化

p.24〜p.25　ココが要点
①形質　②遺伝　③遺伝子
④対立形質　⑤分離の法則
⑥顕性の形質　⑦潜性の形質
⑦精細胞　①丸い　⑦3　①1
⑧DNA　⑨進化　⑩相同器官

p.26〜p.27　予想問題
1 (1)形質　　(2)遺伝
　(3)遺伝子　　(4)純系
　(5)丸い形質…顕性の形質
　　しわの形質…潜性の形質
　(6)分離の法則
　(7)減数分裂
　(8)右図
　(9)エ
　(10)3：1

2 (1)DNA　　(2)エ　　(3)イ
　(4)ア，エ，オ　　(5)DNA鑑定
3 (1)同じものであった。　　(2)相同器官
　(3)進化　　(4)シソチョウ（始祖鳥）
　(5)鳥類

解説

1 (1)〜(3)染色体の中の遺伝子が親から子に伝えられることによって，親の形質が子に現れる。このことを遺伝という。

(4)自家受粉を繰り返すことによって，代をいくつ重ねても同じ形質が現れるものを純系という。

(5) **ポイント** 対立形質をもつ純系どうしを掛け合わせたとき，どちらか一方だけの形質が子に現れる。このとき，子に現れる形質を顕性の形質，子に現れない形質を潜性の形質という。

(6)(7)通常の体細胞分裂では染色体が複製されてから2つに分かれるので，分かれた後の染色体の種類や数も，その染色体の中にある遺伝子の種類や数も分裂前の細胞と同じになる。しかし，生殖細胞をつくるときに行われる減数分裂では，対になっていた遺伝子が分かれてそれぞれ別の細胞に入る。これを分離の法則という。減数分裂によってできる生殖細胞の染色体の数

は，分裂前の細胞の染色体の数の半分になる。

(8)丸い種子から育てた親のつくる生殖細胞がもつ遺伝子はA，しわのある種子から育てた親のつくる生殖細胞がもつ遺伝子はaなので，これらが受精してできる子のもとになる受精卵のもつ遺伝子の組み合わせはAaとなる。

(9)遺伝子の組み合わせがAaの個体どうしの掛け合わせとなるので，右の表のように，

	A	a
A	AA	Aa
a	Aa	aa

AA：Aa：aa＝1：2：1となる。

(10)AAとAaは丸い種子となり，aaはしわのある種子となるので，

丸：しわ＝（1＋2）：1＝3：1

2 (1)(2) **ポイント** 遺伝子は，核の中の染色体に含まれるDNAという物質である。

(3) **参考** 生物の進化は，わずかな確率により起こる遺伝子の変化が積み重なって起こったと考えられている。

(4)アとエ，オは遺伝子組換えの技術によって生み出されたものであるが，イは無性生殖，ウは植物の葉緑体のはたらきである。

3 (1)(2)もとは同じものからそれぞれの環境に合わせて形やはたらきを変化させたと考えられる器官を，相同器官という。相同器官は現在のはたらきは異なるが骨のつくりなどが似ている。

(3)脊椎動物は，魚類→両生類→は虫類→鳥類と，水中生活をするものから陸上生活に適したものへ向かって進化したと考えられる。

(4)(5)シソチョウは羽毛で覆われ，前あしが翼になっているなど，鳥類の特徴をもつ。また，歯があり翼の先に爪をもつなど，は虫類の特徴ももつ。そのため，シソチョウはは虫類と鳥類の中間の生物だと考えられている。

単元3　自然界のつながり

1章　生物どうしのつながり
2章　自然界を循環する物質

p.28〜p.29 ココが要点

①生態系　②食物網　③食物連鎖　④生産者
⑤消費者　⑥分解者
㋐消費者　㋑生産者　㋒消費者　㋓生産者
⑦微生物　⑧菌類　⑨細菌類　⑩有機物
⑪草食動物　⑫呼吸
㋔酸素　㋕二酸化炭素　㋖分解者

p.30〜p.31 予想問題

1 (1)生態系　(2)食物連鎖
(3)ウ　(4)生産者
(5)光合成　(6)ア，ウ
(7)消費者　(8)食物網
(9)ウ　(10)カ

2 (1)ツルグレン装置
(2)土の中の小動物が，熱や乾燥を避けようとするため。
(3)小動物の動きを鈍らせて，観察しやすくするため。
(4)ア，エ
(5)消費者

3 (1)草食動物…減少する。
　　肉食動物…減少する。
(2)㋐→㋓→㋔→㋒→㋑→㋕

解説

1 (4)〜(7) **ポイント** 光合成によって有機物をつくる植物や植物プランクトンなどを生産者といい，生産者がつくった有機物を直接的，あるいは間接的にとり入れる生物を消費者という。

(8)実際の生態系の中では，1種類の生物が2種類以上の生物を食べていることが多いため，生態系の中では食物連鎖によって網の目のように複雑につながっている。

(9)ふつう，食物連鎖の下位のもの（食べられるもの）ほど数量が多い。

(10)ヘビが大量に減少すると，ヘビを食べていたイタチは減少し，ヘビに食べられていたカエルは増加する。

2 (1)(2) ポイント ツルグレン装置は，土の中の動物が，光や熱，乾燥を避ける性質を利用している。

(4)ミミズやダンゴムシは，落ち葉や腐った植物を食べる。シデムシは動物の死がいを食べる。ムカデは小動物を食べる。

(5) ポイント 動物は全て消費者である。分解者である菌類や細菌類などの微生物も，食物連鎖の関係から見ると消費者である。

3 (1)植物が減少すると，植物を食べている草食動物が減少する。草食動物が減少すると，草食動物を食べている肉食動物も減少する。

(2)草食動物が増加する。㋣…肉食動物は，食物である草食動物がふえるので増加する。植物は，草食動物に食べられる量がふえるので減少する。㋐…草食動物は，食物である植物が減り，自分を食べる肉食動物がふえるので減少する。㋒…肉食動物は，食物である草食動物が減るので減少する。植物は，自分を食べる草食動物が減るので増加する。㋑…草食動物は，食物である植物がふえるので増加する。

p.32～p.33 予想問題

1 (1)とった土の中に含まれる菌類や細菌類を死滅させるため。
　(2)A
　(3)エ
　(4)イ
　(5)ア
2 (1)菌糸　　(2)胞子
　(3)菌類　　(4)分解者
3 (1)光合成
　(2)呼吸
　(3)ウ
　(4)A…エ　B…イ
　　C…ア　D…ウ
　(5)ア，オ
　(6)食物連鎖

解説

1 (1)この実験では，菌類や細菌類を含む土と含まない土を比べるために，一方の土を加熱した。
(2)～(5)Aでは，菌類や細菌類が，デンプンを分解してエネルギーを得て，ふえた。Bでは，菌

類や細菌類が含まれていないので，変化が起きなかった。

2 (1)(3)アオカビやシイタケなどの菌類の体は，細胞が糸状につながった菌糸によってできている。

(2)アオカビやシイタケなどの菌類は，主に胞子をつくってふえる。

(4)アオカビやシイタケなどの菌類や乳酸菌などの細菌類は，生物の死がいやふんなどに含まれる有機物を無機物に分解するので，分解者という。これらの微生物は，食物連鎖の流れから見れば消費者であり，自然界の物質の流れから見れば分解者である。また，ミミズやダンゴムシ，シデムシなどのように，主に生物の死がい（落ち葉なども含む）を食べる土の中の小動物や，ふんを食べるセンチコガネなどの土の中の小動物も分解者である。

3 (1)植物は，二酸化炭素と水からデンプンと酸素をつくる。植物のこのようなはたらきを光合成という。

(2)全ての生物は，酸素を使って有機物を二酸化炭素と水に分解し，生きるためのエネルギーをとり出している。生物のこのようなはたらきを呼吸という。

(3)生物B，生物C，生物Dは消費者なので，呼吸は行うが光合成は行わない。よって，生物B，生物C，生物Dが放出している物質Xは呼吸によって放出される二酸化炭素で，とり入れている物質Yは呼吸によってとり入れられる酸素である。

(4)生物Aは生産者の植物，生物Bは植物を食べる草食動物（消費者），生物Cは草食動物を食べる肉食動物（消費者），生物Dは生物の死がいやふんを分解する分解者の菌類や細菌類などである。

(5)菌類や細菌類の他に，ミミズやシデムシのように落ち葉や動物の死がいを食べる土の中の小動物や，センチコガネのようにふんを食べる土の中の小動物も分解者である。

(6)生物どうしの「食べる・食べられる」という関係を1対1で順に結んだ生物どうしのつながりを食物連鎖という。

1章　水溶液とイオン(1)

p.34～p.35　ココが要点

① 電解質　② 非電解質　③ 陽極　④ 陰極

⑤ 塩素　⑥ 銅

㋐ 陰　㋑ 陽　㋒ 赤　㋓ 塩素

⑦ 水素　⑧ イオン　⑨ 陽イオン

⑩ 陰イオン　⑪ 電離

㋔ ナトリウム(陽)　㋕ 塩化物(陰)　㋖ 電離

㋗ 分子　㋘ 電離

p.36～p.37　予想問題

① (1)明かりがつく。

(2)電極を精製水でよく洗う。

(3)B，C，E

(4)電解質

② (1)金属光沢が見られる。

(2)化学式…Cu　名前…銅

(3)化学式…Cl_2　名前…塩素

(4)ウ

(5)$CuCl_2 \longrightarrow Cu + Cl_2$

③ (1)すぐに多量の水で洗い流す。

(2)化学式…H_2　名前…水素

(3)赤インクが脱色される。

(4)化学式…Cl_2　名前…塩素

(5)陰極側

(6)$2HCl \longrightarrow H_2 + Cl_2$

④ (1)イオン

(2)陽イオン

(3)陰イオン

(4)①電離　②塩化物イオン

(5)分かれない。

(6)精製水…流れない。

　　水道水…流れる。

解説

① (1)回路に電流が流れるので，豆電球が点灯する。

(2)精製水で電極をよく洗わないと，前の実験で用いた水溶液の影響が出たり，混ぜると危険な水溶液が混ざってしまうことがある。

(3)(4) **ポイント** 水に溶かしたとき電流が流れる

物質を電解質，流れない物質を非電解質という。

② (1) **参考** 金属にはこすると金属光沢が出る性質がある。この他の金属の性質としては，電流が流れやすい，たたくと広がる(展性)，などがある。銅は赤色なので，他の金属と区別しやすい。

(2) **ポイント** 塩化銅水溶液の中では，塩化銅が銅イオン(Cu^{2+})と塩化物イオン(Cl^-)に電離している。銅イオンは陽イオンなので陰極に引かれて陰極に付着する。

(3)塩化物イオンは陰イオンなので陽極に引かれて陽極から塩素分子となって気体として発生する。塩素には脱色作用があるので，赤インクの色が脱色される。塩素はその性質を利用して，衣類や食器の漂白，水道水やプールの水の消毒に用いられる。

③ (2)陰極からは，水素が発生する。水素は水に溶けにくく，マッチの炎を近づけると，音を立てて燃える。

(3)～(5)陽極からは，塩素が発生する。塩素は水に溶けやすいので，気体として管内に集まる量は水素より少ない。また，脱色作用があるので，水性インクをつけたろ紙を近づけると，脱色する。

(6) **ミス注意!** 化学式の左右で，原子の種類と数が等しくなるように注意する。

④ (1)～(3) **ポイント** 電気を帯びた粒子であるイオンには，＋の電気を帯びた陽イオンと－の電気を帯びた陰イオンがある。

(4)電解質が水に溶けると，陽イオンと陰イオンに分かれる。塩化ナトリウムは水に溶けるとナトリウムイオン(陽イオン)と塩化物イオン(陰イオン)に分かれる。

(5)ショ糖は非電解質である。

(6)水道水には陽イオンと陰イオンが含まれるので，電流が流れる。

p.38〜p.39　ココが要点

①原子核　②陽子　③中性子　④同位体

⑤陽イオン

㋐電子　㋑陽

⑥陰イオン

㋒陰　㋓Na^+　㋔Cu^{2+}　㋕Cl^-

⑦銅イオン　⑧亜鉛イオン　⑨電池 (化学電池)

⑩ダニエル電池

㋖電子　㋗電流　㋘−　㋙＋

⑪燃料電池

p.40〜p.41　予想問題

1 (1)＋

(2)電子

(3)㋑陽子　㋒中性子

(4)㋑

(5)帯びない。　　(6)㋑

(7)同じ元素で，中性子の数が異なる原子。

2 (1)陽イオン…ア　陰イオン…ウ

(2)①H^+　②OH^-

③$NH_4{}^+$　④Na^+

⑤$CO_3{}^{2-}$　⑥Cl^-

⑦Cu^{2+}　⑧$SO_4{}^{2-}$

(3)①$HCl \longrightarrow H^+ + Cl^-$

②$CuCl_2 \longrightarrow Cu^{2+} + 2Cl^-$

③$CuSO_4 \longrightarrow Cu^{2+} + SO_4{}^{2-}$

④$NaOH \longrightarrow Na^+ + OH^-$

⑤$Na_2CO_3 \longrightarrow 2Na^+ + CO_3{}^{2-}$

3 (1)ア　　(2)ア，イ

4 (1)電池 (化学電池)　　(2)イ

(3)$Cu^{2+} + 2e^- \longrightarrow Cu$　　(4)b

(5)−極　　(6)燃料電池

解説

1 (1)(3) ポイント 原子核は，＋の電気をもつ陽子と電気をもたない中性子でできていて，全体では＋の電気をもっている。

(4)元素の種類は原子核の中の陽子の数で決まる。

(5)原子は，原子核の中の陽子がもつ＋の電気の量と，まわりの電子がもつ−の電気の量が等しいので，全体では電気を帯びない。

(6)電子の質量は，陽子や中性子に比べると，非常に小さい。

2 イオンの化学式を書くときは，元素記号の右肩に放出したり受けとったりした電子の数（1は省略）と，＋，−どちらの電気を帯びているかを示す。

3 (1)亜鉛と銅では，亜鉛の方がイオンになりやすいので，硫酸銅水溶液に亜鉛板を入れると亜鉛原子が電子を放出して亜鉛イオンなる。放出した電子は，水溶液中の銅イオンに受けとられ，銅原子となって亜鉛板の表面に付着する。

(2)マグネシウムは亜鉛よりもイオンになりやすいので，硫酸亜鉛水溶液にマグネシウム板を入れるとマグネシウム原子が電子を放出してマグネシウムイオンになる。放出した電子は，水溶液中の亜鉛イオンに受けとられ，亜鉛原子となってマグネシウム板の表面に付着する。同じように，イでもマグネシウム板の表面に銅原子が付着する。ウのように，同じ金属どうしの組み合わせでは，変化が起こらない。

4 (2)ダニエル電池では，亜鉛原子が電子を放出して亜鉛イオンになる。電子は導線を通って銅板側に移動する。硫酸銅水溶液中の銅イオンは電子を受けとり，銅板の表面に銅原子となって付着する。

(4)電流の向きは，電子の流れと反対である。

(5)2種類の金属を電極に使った電池では，イオンになりやすい方の金属が−極に，イオンになりにくい方の金属が＋極になる。

(6)燃料電池では，燃料である水素を供給することで，連続的に電気エネルギーをとり出すことができる。燃料電池自動車では，動作中には水だけができるので，ガソリン車よりも大気を汚しにくい。

3章　酸・アルカリとイオン

p.42 ～ p.43　ココが**要点**

①リトマス紙　②電解質　③BTB液
④フェノールフタレイン液
⑤酸　⑥アルカリ
⑦指示薬　⑧pH
⑦酸　⑦中　⑦アルカリ
⑨中和　⑩水素イオン　⑪水酸化物イオン
⑫塩　⑬塩化ナトリウム
⑭酸　⑦酸　⑦中　⑦塩(塩化ナトリウム)
⑭炭酸カルシウム
⑮硫酸バリウム

p.44 ～ p.45　予想問題

1 (1)A，B，C，E，F　　(2)C，F
(3)黄色　　(4)酸性　　(5)B，E
(6)青色になる。　　(7)アルカリ性
(8)C　　(9)ウ　　(10)アルカリ性
2 (1)HCl⟶H⁺＋Cl⁻　　(2)H⁺
(3)NaOH⟶Na⁺＋OH⁻　　(4)OH⁻
3 (1)赤色　　(2)⑦　　(3)＋
(4)名前…水素イオン　化学式…H⁺
4 (1)青色　　(2)⑦　　(3)－
(4)名前…水酸化物イオン　化学式…OH⁻
(5)大きい。

解説

1 (1)水に溶かすと電離するものには，電流が流れる。
(2)(6)青色リトマス紙を赤色に変えるのは酸性の水溶液。赤色リトマス紙を青色に変えるのは，アルカリ性の水溶液。
(3)(5)BTB液は，酸性で黄色，中性で緑色，アルカリ性で青色を示す。
(8)酸性の水溶液にマグネシウムリボンを入れると，水素が発生する。
(9)火のついた線香を入れると激しく燃えるのは酸素。水性のインクを脱色するのは塩素。
2 (2) ポイント 水に溶かすと電離し，水素イオン(H⁺)を生じる物質を酸という。
(4) ポイント 水に溶かすと電離し，水酸化物イオン(OH⁻)を生じる物質をアルカリという。
3 (1)塩酸は酸性なので，青色リトマス紙は赤色

になる。
(2)～(4)酸性の性質を示すイオンは，水素イオン(H⁺)である。水素イオンは陽イオンなので陰極に引かれるため，⑦のように，赤色が陰極側に広がっていく。
4 (1)水酸化ナトリウム水溶液はアルカリ性なので，赤色リトマス紙は青色になる。
(2)～(4)アルカリ性の性質を示すイオンは，水酸化物イオン(OH⁻)である。水酸化物イオンは陰イオンなので陽極に引かれるため，⑦のように，青色が陽極側に広がっていく。
(5) ポイント pHは水溶液の酸性やアルカリ性の強さを表す数値で，7が中性，値が小さいほど酸性が強く，値が大きいほどアルカリ性が強い。

p.46 ～ p.47　予想問題

1 (1)黄色　　(2)H⁺，Cl⁻　　(3)Cl⁻，Na⁺
(4)変化がない(水素は発生しない)。
(5)中和
(6)名前…塩化ナトリウム
　　化学式…NaCl
2 (1)B…青色　D…黄色
(2)硫酸バリウム
(3)塩　　(4)イ
3 (1)X…ア　Y…ウ
(2)ウ→ア→イ
(3)HCl＋NaOH⟶NaCl＋H₂O
(4)B…⑦　E…⑦
(5)①⑦　②⑦　③⑦　④⑦

解説

1 (2)塩化水素は電離して，H⁺とCl⁻になる。
(3)(6)塩酸の中にあったH⁺は，水酸化ナトリウム水溶液の中のOH⁻と過不足なく結びつき，水になる。中和によってできた塩化ナトリウムは，電離してNa⁺とCl⁻の状態で，水溶液に存在するが，水を蒸発させると，結びついて塩化ナトリウムになる。
(4)マグネシウムリボンを酸性の水溶液に入れると水素が発生するが，中性やアルカリ性の水溶液に入れても水素は発生しない。
2 (1)試験管Cで緑色を示したことから，硫酸を8 cm³加えたときに，中性になっている。そのため，Bではアルカリ性で，Dでは酸性である。

11

(2)硫酸バリウムは水に溶けにくいので沈殿する。

(4)試験管Cは酸とアルカリが完全に打ち消し合った中性である。そのため，H^+がOH^-と，Ba^{2+}がSO_4^{2-}と過不足なく結びついたといえる。さらに，硫酸を加えると，中和が起こらず，水素イオン (H^+) と硫酸イオン (SO_4^{2-}) が電離して，試験管に存在する。

3 (1)DのときにBTB液の色が緑色になっているので，このとき過不足なく中和して中性になったことがわかる。したがって，Dより水酸化ナトリウム水溶液が少ないCのときは酸性 (黄色)，Dより水酸化ナトリウム水溶液が多いEのときはアルカリ性 (青色) である。

(2)pHの値が大きいほどアルカリ性が強く，pHの値が小さいほど酸性が強い。蒸留水は中性なのでpHは7，塩酸は酸性，水酸化ナトリウム水溶液はアルカリ性である。

(4)Dのときに過不足なく中和しているので，Dのときに加えられたNa^+のモデルとOH^-のモデルは4個ずつとなる。よって，Bのときは，Na^+とOH^-が2個ずつ加えられるので，水分子 (H_2O) のモデルが2個できている。また，Eのときは，Na^+とOH^-のモデルが5個ずつ加えられるので，H_2Oのモデルが4個できていて，OH^-のモデルが1個残っている状態となる。

(5)①水素イオン (H^+) は，NaOHを加えるたびに水酸化物イオン (OH^-) と結びついて水 (H_2O) となるため減少し，NaOHを4 cm³加えたところでなくなる。

②ナトリウムイオン (Na^+) は，塩化物イオン (Cl^-) と結びついて塩化ナトリウム (NaCl) をつくるが，塩化ナトリウムは電解質なので，水溶液中では電離している。そのため，Na^+は水酸化ナトリウム水溶液を加えるにつれて増加する。

③水酸化物イオン (OH^-) は，加えてもすぐに水素イオン (H^+) と結びついて水 (H_2O) となるため，水酸化ナトリウム水溶液を4 cm³加えるまでは全くふえず，5 cm³加えたときに水酸化ナトリウム水溶液1 cm³に含まれているOH^-が残る。

④塩化ナトリウム (NaCl) が電解質なので，塩化物イオン (Cl^-) の数は変化しない。

単元5　地球と宇宙

1章　天体の動き
2章　月と惑星の運動(1)

p.48〜p.49　ココが要点

①南中　②南中高度　③日周運動
④自転　⑤天球　⑥天頂
⑦南中　①南中高度　⑰北　⑨南
⑦北極星
⑦北極星　⑰地軸　⑨東　⑨西
⑧公転　⑨年周運動
⑩黄道　⑪地軸
⑦少ない　㋙多い
㋚夏至　㋛冬至

p.50〜p.51　予想問題

1 (1)A　(2)O　(3)O
(4)FG ＝ GH ＝ HI
(5)J
(6)⑦　(7)南中高度
(8)H　(9)(太陽の) 日周運動

2 (1)オリオン座
(2)冬
(3)東から西
(4)日周運動　(5)自転

3 (1)天球
(2)⑦　(3)北極星
(4)地軸
(5)できない。
(6)360°　(7)15°

4 (1)⑦北　①西　⑰南　㋒東
(2)北極星　(3)b
(4)1 時間　(5)d

解説

1 (1)北半球では，太陽の通り道は南に傾くのでAが南，Bは東，Cは北，Dは西。
(2) **参考** 観測者は天球の中心にいる。
(4)地球の自転の速さは一定なので，太陽が一定時間に進む長さは常に等しい。
(5)(6)太陽は東からのぼり，南の空を通って，西に沈む。
(8)太陽の高度が高いほど，影は短くなる。

2 (1)(2)オリオン座は冬の代表的な星座である。

12

(2)C　　(3)A

(4)A　　(5)A

(6)A…78.4°　C…31.6°

解説

① (2)地球の公転の向きは自転の向きと同じである。

(5)さそり座は夏の代表的な星座である。

(7)太陽と同じ方角にある星座は見ることができない。

(8)Bの位置では，真夜中，東の空にオリオン座，南の空にペガスス座，西の空にさそり座が見える。

② (3)地球から見て，太陽と反対の方角にある星は，真夜中に南中する。

③ (1)太陽の通り道が傾いている方角が南である。南を向いて，左手の方角が東で，右手の方角が西，背中側が北となる。

(2)～(4)冬至の日は，太陽が真東より南寄りからのぼって，真西より南寄りに沈み，南中高度が1年の中で最も低い。春分と秋分の日は，太陽が真東からのぼって真西に沈み，昼と夜の長さがほぼ同じになる。夏至の日は太陽が真東より北寄りからのぼって，真西より北寄りに沈み，南中高度が1年の中で最も高い。

④ (1)北極側が太陽の方向に傾いているのが夏至の日。北極側が太陽と反対方向に傾いているのが冬至の日。

(2)冬至の日は，南中高度が最も低く，昼の長さが最も短い。

(3)夏至の日は，南中高度が最も高く，昼の長さが最も長い。

(4)夏至の日，地軸の北極側が太陽の方向に傾いていることから，北極では一日中太陽が見える。同じ日，南極では太陽が見えない。

(6)A…90° − (35° − 23.4°) = 78.4°
　　C…90° − (35° + 23.4°) = 31.6°

---

(3)～(5) **ポイント** 天体の日周運動は，地球の自転による見かけの運動である。地球が西から東へ自転しているため，天体は東から西へ動いて見える。

③ (2)(3)北の空の星は，真北の空でほとんど動かないPの北極星をほぼ中心にして，反時計回りに動いて見える。

(4) **ポイント** 天球上の星は，地軸を中心に回転する。

(5)Gの位置は地平線より下であるため，観測することができない。

(6) **ポイント** 天球上の星は，1日に1回転する。

(7) **ポイント** 360° ÷ 24 = 15° より，天球上の星は，1時間で15°回転する。

④ (1)～(5) **ポイント** ⑦…北の空の星は，北極星をほぼ中心にして，1時間に15°ずつ反時計回りに回転する。⑦…西の空の星は，右下がりに沈んでいく。⑦…南の空の星は，左から右へ（東から西へ）動いていく。⑦…東の空の星は，右上がりに移動していく。

p.52 ～ p.53 予想問題

① (1)(地球の)公転

(2)a

(3)B…秋　C…冬　D…春

(4)ほぼ一定。

(5)さそり座

(6)西

(7)オリオン座

(8)B

② (1)黄道

(2)⑦

(3)⑦

(4)オリオン座

③ (1)南…⑦　東…⑦

(2)A…冬至

　　B…春分，秋分

　　C…夏至

(3)C

(4)B

(5)地球が公転面に立てた垂線に対して，地軸を傾けながら公転しているから。

④ (1)A…夏至　B…秋分

①月　②満ち欠け　③公転

④日食　⑤月食

㋐上弦　㋑満月　㋒下弦　㋓新月

⑥恒星　⑦惑星

㋔よい　㋕明け

⑧黒点　⑨プロミネンス (紅炎)　⑩コロナ

㋖プロミネンス (紅炎)　㋗コロナ　㋘黒点

⑪太陽系　⑫地球型惑星　⑬木星型惑星

⑭衛星　⑮小惑星　⑯すい星

⑰銀河系　⑱銀河

1 (1)(月の) 公転

　(2)A

　(3)新月

　(4)ウ

　(5)㋐E　㋑C　㋒B

　(6)ア

2 (1)衛星

　(2)太陽→地球→月

　(3)ほぼ同じ大きさに見える。

3 (1)イ

　(2)㋑

　(3)㋑

　(4)ア

　(5)イ

4 (1)内側

　(2)A

　(3)太陽の光を反射して輝いているから。

　(4)位置…㋑　形…c

　(5)位置…㋐　形…b

　(6)しだいに小さくなる。

　(7)㋔

解説

1 (2)(3)Aは太陽と同じ方向にあるので, 地球からは見えない。この月を新月という。

　(5)同じ時刻に観察した場合, 月は, 形により見える方角が決まっている。夕方観察すると満月は東, 上弦の月は南, 三日月は西に見える。

　(6) **ミス注意!** 同じ時刻に観察すると, 月は1日

ごとに西から東へ移動する。恒星とは反対なので注意が必要である。

2 (2)太陽の直径は約140万km, 地球の直径は約1万3000km, 月の直径は約3500kmである。

　(3)太陽の直径は月の直径の約400倍であるが, 地球から太陽までの距離は地球から月までの距離の約400倍なので, 地球から見た月と太陽は, ほぼ同じ大きさに見える。

3 (1)日食は, 太陽が月に隠されることによって起こる現象なので, 月は太陽と同じ方向にある。地球から見て, 月が太陽と同じ方向にあるときは, 明るすぎて月を見ることができない。このようなときの月を新月という。

　(2)㋐は太陽が全部隠れておらず, 周辺部分だけ見ることができる。㋑は月が太陽を全て隠しているので, 皆既日食である。

　(3)コロナやプロミネンスが見られるのは, 太陽からの光が最も少なくなる皆既日食のときである。

　(4)月食は, 月が地球の影に入ることによって起こる現象なので, 地球から見た月の方向は太陽の方向と180°反対向きである。よって, 月食が起こるときの月は満月である。

　(5) **ミス注意!** 皆既月食は月が全く見えなくなるのではなく, 全体が赤暗く光って見える。

4 (1)水星と金星は地球よりも太陽の近くを公転する。火星や木星などの公転軌道は地球よりも外側である。

　(2)金星の公転の向きは地球と同じである。

　(3)惑星は太陽の光を反射して輝いている。

　(4)地球に最も近い㋑のとき, 最も大きく見える。

　(5)地球に近づいてくる㋐は夕方に見え, 遠ざかる㋑, ㋒, ㋓は明け方に見える。

　(6)㋑, ㋒, ㋓の順に地球から遠ざかるので, だんだん小さくなる。

　(7)㋔は太陽と同じ方向にあるので見えない。

1 (1)黒点

(2)まわりに比べて低温だから。

(3)自転

(4)球形

(5)イ

2 (1)①木星 ②水星 ③火星

④土星 ⑤金星

(2)地球型惑星

(3)木星，土星，天王星，海王星

3 (1)衛星

(2)イ

(3)ウ

(4)流星

4 (1)銀河系

(2)星団

(3)星雲

(4)10万光年

(5)d

(6)銀河

5 ①× ②○ ③○ ④○ ⑤×

解説

1 (1)(2)(5)太陽の表面は約6000℃であるが，黒点の部分は，約4000℃でまわりより温度が低くなっていて，このために暗く見える。

(3)(4)太陽は球形で，自転している。このため，表面にある黒点は，自転とともに移動する。

2 (2)(3) ポイント 地球型惑星は主に岩石でできていて，密度が大きい。木星型惑星は，主に気体からなり，密度が小さい。

3 (1)タイタンは土星の衛星，ガニメデは木星の衛星である。

(3)すい星には，楕円軌道をとるものも多く，とても長い周期で太陽に近づいたり遠ざかったりする。

4 (2) 参考 有名な星団にすばるがあるが，別名プレアデス星団ともいわれている。

5 ①ガニメデ，エウロパ，イオは全て木星の衛星である。

⑤太陽の近くにある惑星ほど，太陽から受けるエネルギーは大きく，公転周期は短い。

単元6 地球の明るい未来のために

**1章 自然環境と人間　2章 科学技術と人間
終章 これからの私たちのくらし**

①地球温暖化 ②外来種 (外来生物)

⑦タニシ (類) ⑦サワガニ ⑦ヤマトシジミ

③プレート ④津波

⑤化石燃料 ⑥放射線 ⑦被ばく

⑧再生可能エネルギー ⑨プラスチック

⑩持続可能な社会

1 (1)地球温暖化 (2)絶滅

(3)外来種 (外来生物)

(4)イ

(5)①ウ ②エ ③⑦ ④イ

2 (1)台風 (2)地震

(3)①○ ②○ ③×

3 (1)①化石燃料 ②二酸化炭素

③温室効果 ④地球温暖化

(2)位置エネルギー

(3)原子力発電 (4)被ばく

(5)イ，エ

4 (1)①ポリエチレンテレフタラート

②ポリ塩化ビニル

③ポリエチレン

④アクリル樹脂

(2)高分子化合物

(3)炭素繊維

(4)形状記憶合金

解説

1 (1)近年，地球の気温が上昇していることを，地球温暖化という。地球温暖化によって，地域的な雨の降り方が変わったり，海水面が上昇したりするなど，さまざまな変化が起こることが予想されている。

(3)(4)生物の種類や個体数の多さは，その地域の自然の豊かさの指標の一つである。しかし，外来種を持ちこむと，もともとその地域にすんでいた生物を食べたり，すみかをうばい合ったりすることがある。それによって，もともと生息していた生物の生存やその地域の多様性がおび

やかされることがある。

2 災害はいつ発生するか予想できないものが多い。そのため，事前に連絡方法などを確認しておき，日頃から災害に備えておくことが大切である。

3 (1)火力発電によって，発生する二酸化炭素は温室効果ガスとよばれ，地球から宇宙へ出ていくはずの熱を吸収し，再放出する。そのため，地球の気温が上昇し，地球温暖化の原因の一つになっていると考えられている。

(5)再生可能エネルギーは，化石燃料やウランなどの枯渇性エネルギーとは異なり，太陽光や，高い位置にある水，風力などいつまでも使い続けることができるエネルギーである。発電効率が低い，立地条件が限られているなどの課題が多いが，環境を汚す恐れが少ないため，研究や開発が進められている。

4 (1)プラスチックは，合成樹脂ともよばれ，石油などから人工的につくられた物質である。プラスチックは，種類によって密度や性質が異なるため，用途に合わせて使われている。一方，海岸などに廃棄されたプラスチックが集まると景観を汚したり，生物が食べてしまったりするという問題がある。

(2)ポリエチレンは，炭素原子と水素原子がたくさんつながってできている。ポリエチレンやその他のプラスチックのように，たくさんの原子がつながった化合物を高分子化合物という。

① (1)1.5J　(2)3 N
　(3)0.15W　(4)2倍

解説 (1)$5 [\mathrm{N}] \times 0.3 [\mathrm{m}] = 1.5 [\mathrm{J}]$

(2)仕事の原理より，斜面に沿って物体を引いても，仕事の大きさは変わらない。よって，糸を引く力の大きさを$x [\mathrm{N}]$とすると，

$x [\mathrm{N}] \times 0.5 [\mathrm{m}] = 1.5 [\mathrm{J}]$　　$x = 3$

(3)1秒間に5 cmずつ糸を引くので，10秒間かけて引いたことになる。

$$\frac{1.5 [\mathrm{J}]}{10 [\mathrm{s}]} = 0.15 [\mathrm{W}]$$

(4)図1での仕事率は，

$$\frac{1.5 [\mathrm{J}]}{5 [\mathrm{s}]} = 0.3 [\mathrm{W}]$$

図2での仕事率は，

$$\frac{1.5 [\mathrm{J}]}{10 [\mathrm{s}]} = 0.15 [\mathrm{W}]$$ となるので，

$0.3 [\mathrm{W}] \div 0.15 [\mathrm{W}] = 2 [倍]$

② (1)⑦AA　④aa
　(2)3：1
　(3)450個

解説 (2)子の種子の遺伝子の組み合わせはAaであるから，孫の種子の遺伝子の組み合わせは図のようになる。AA，Aaは丸い種子，aaはしわのある種子を表す。

	A	a
A	AA	Aa
a	Aa	aa

(3)$600 [個] \times \dfrac{3}{4} = 450 [個]$